昆蟲在「顏色」與「形狀」上的不可思議

究竟是由誰、怎麼創造出來的呢？

敵、留下子孫，昆蟲花了長久的時間

大自然智慧，充滿了驚奇！

U0043449

© Marco Uliana/
Shutterstock.com

© Marco Uliana/
Shutterstock.com

© alslutsky/
Shutterstock.com

© Marco Uliana/
Shutterstock.com

© alslutsky/
Shutterstock.com

© alslutsky/
Shutterstock.com

© Marco Uliana/
Shutterstock.com

© alslutsky/
Shutterstock.com

© Ultrashock/
Shutterstock.com

© Cosmin Manci/
Shutterstock.com

▲ 美麗甲蟲身體上的各種顏色。一般認為這些美麗的顏色具有讓牠們融入周遭景色中隱藏自己，或是以醒目的身體來嚇退敵人的效果。

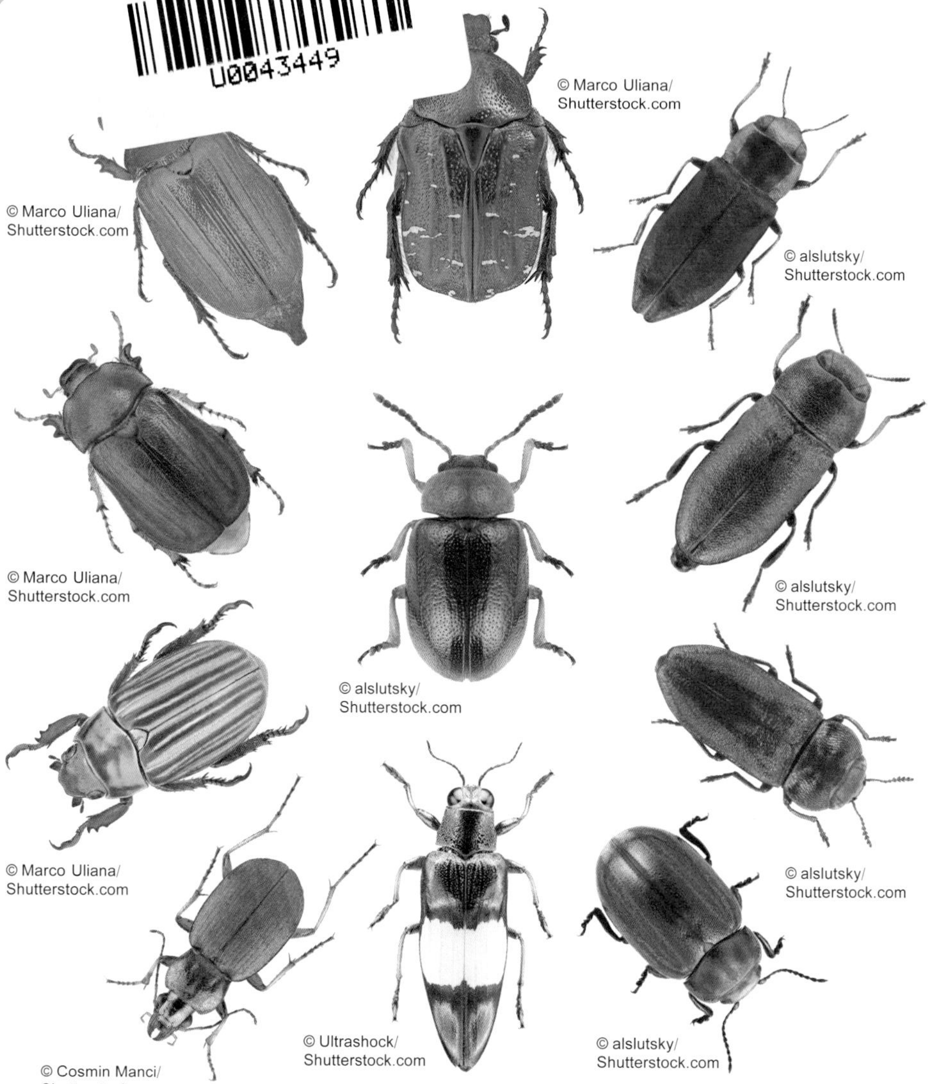

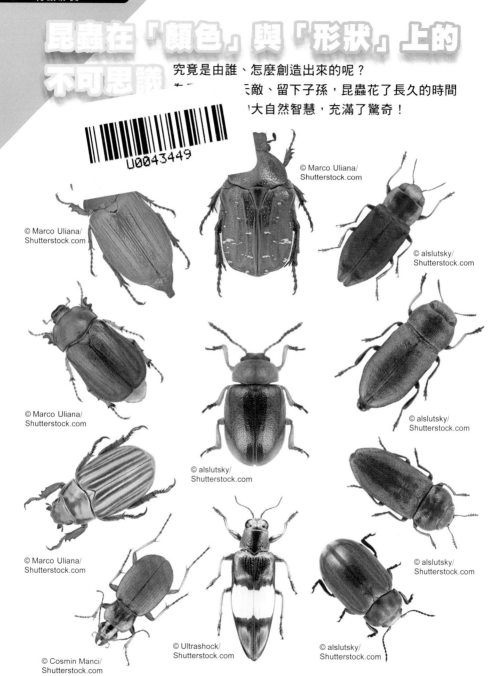

假扮成花！

花螳螂

分布於印尼的花螳螂。牠們不只是身體形狀像花而已，似乎也會釋出引誘昆蟲靠近的氣味。

搖晃著上半身的樣子，看起來就像是隨風搖曳的花朵。牠們會捕捉那些不小心靠近的昆蟲來吃，是美麗卻可怕的獵人。

© Sebastian Janicki/Shutterstock.com

融入大自然中的昆蟲

在森林裡發現忍者……？為了欺騙天敵的眼睛、引誘獵物靠近，讓身體的形狀、顏色，或是斑紋模擬自然界中的某個部分，稱為「擬態」。

© Bahadir Yeniceri/Shutterstock.com

枯葉蝶

翅膀的背面是枯葉的顏色，翅膀闔起時，看起來非常像葉子。

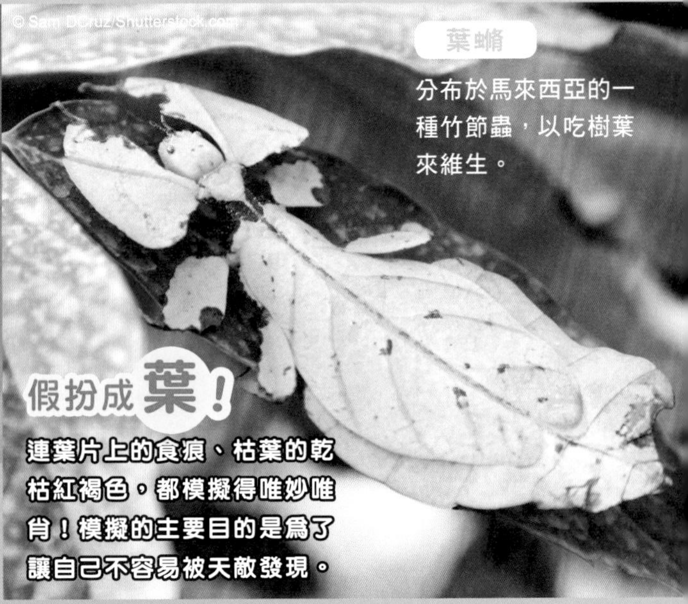

© Sam DCruz/Shutterstock.com

葉䗛

分布於馬來西亞的一種竹節蟲，以吃樹葉來維生。

假扮成葉！

連葉片上的食痕、枯葉的乾枯紅褐色，都模擬得唯妙唯肖！模擬的主要目的是為了讓自己不容易被天敵發現。

偽裝成樹枝！

最重要的就是不要讓自己太顯眼，所以一下子就能變成樹枝或樹皮的一部分。但是又沒有鏡子，為什麼牠們會知道要怎麼偽裝自己躲藏起來呢？

© Dr. Morley Read/Shutterstock.com

© Sonja M/Shutterstock.com

尺蠖蛾的幼蟲

由於鳥類等捕食者，是依賴優越的視力來捕捉昆蟲，反而會因此漏看牠。

竹節蟲類

只要說到昆蟲界裡的「躲藏技達人」，一定不能不提到竹節蟲。牠們會將自己融入樹木、葉片或地面等環境，藉此欺瞞天敵。

© Pan Xunbin/Shutterstock.com

蟻蛛

不結蜘蛛網、不築巢，生活型態也和螞蟻非常相似。但對於牠們為何要模仿螞蟻，其實還不清楚。

假扮成昆蟲！

「什麼嘛，只是一隻螞蟻……」
再仔細看看，發現牠居然有 8 隻腳！
其實牠的真面目，是外型酷似螞蟻的蜘蛛！

在亞馬遜的叢林中，蛺蝶因爲有美麗且透明的翅膀，所以減少了被天敵發現的機會。

從科學的角度看美麗的蝴蝶翅膀

棲息在中南美洲亞馬遜河流域，具有美麗翅膀的蝴蝶，翅膀上美麗的顏色及光澤究竟是怎麼產生的呢？讓我們試著用科學的角度來說明。

能夠依據光照射的角度而讓顏色產生變化的摩爾浮蝶（閃蝶），翅膀表面的顏色是由「鱗粉」表面上的微細結構所產生的。

玻璃翼眼蝶的同類。
在翅膀的表面上有非常細小且規則的突起，能夠抑制光的反射，提高翅膀的透明度。

哆啦A夢科學任意門

DORAEMON SCIENCE WORLD

終極昆蟲發現機

哆啦A夢科學任意門
終極昆蟲發現機

目錄

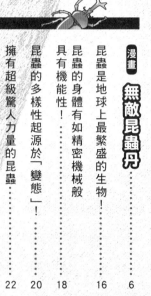

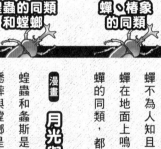

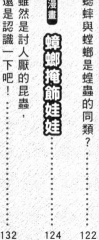

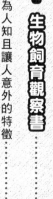

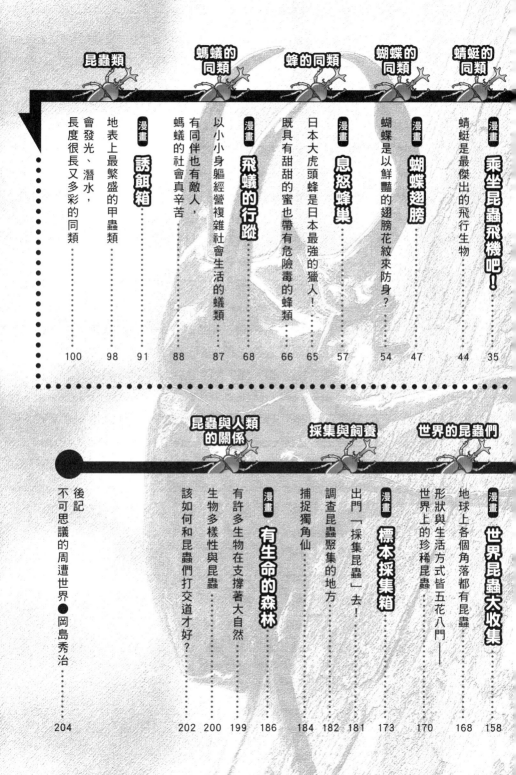

關於這本書

這本書是很貪心的想讓大家一邊享受閱讀哆啦A夢漫畫的樂趣，一邊學習到最新的科學知識。

在漫畫中提到的科學主題會在其後做深入的解說。雖然這可能也包含了部分有些難度的內容，但是經由本書的解說，能夠讓讀者獲得很多在我們生活周遭許多的昆蟲相關深度知識。

昆蟲，在地球悠久的歷史中是「最先爬上陸地的動物」，也是「最早能夠在空中飛行的動物」。牠們的形狀、顏色、棲息場所、成長時的身體變化等，都有非常多樣的變異度；至今每年也都還會發現許多新物種，是地球上最為繁盛的動物類群。假如聽說蝦子和螃蟹也是昆蟲的親戚，應該有許多人都會感到驚訝吧！

在昆蟲中，既有像鍬形蟲或是蜻蜓般很受歡迎的種類，也有像蟑螂或是蜂類等，不是討人厭就是令人害怕的種類。但是不論是哪種昆蟲，在地球的生態系中都扮演了非常重要的角色。

假如昆蟲從一片草原中消失的話，花草也有可能在不久之後就消失無蹤。因為幾乎所有在花中含有蜜的植物，都是沒有昆蟲就無法結出果實的。

也許從我們人類的眼中看來，大多數的昆蟲只不過是微小的生物而已，但是牠們卻具有我們所無法輕視的深奧世界以及在地球環境中所扮演的角色，這就是希望大家都能夠了解的事情。

※未特別載明的數據資料，皆為二〇一五年六月的資訊。

要認真的工作，冬天就快來了。
現在偷懶的話，以後一定會後悔的。
千萬不要像大雄一樣。嘿咻、嘿咻！

無敵昆蟲丹

哆啦A夢~
ヨロヨロ
※搖搖晃晃
等等!!
什麼也別說!!
你又被胖虎欺負了對不對？
對。
因為你想報仇，
所以要我拿出變強的道具吧。
你真了解我耶。
真是的，每天不斷上演相同的戲碼……
你不煩嗎…？

Q 有昆蟲在長大變成成蟲之後就什麼都不吃了。這是真的嗎？

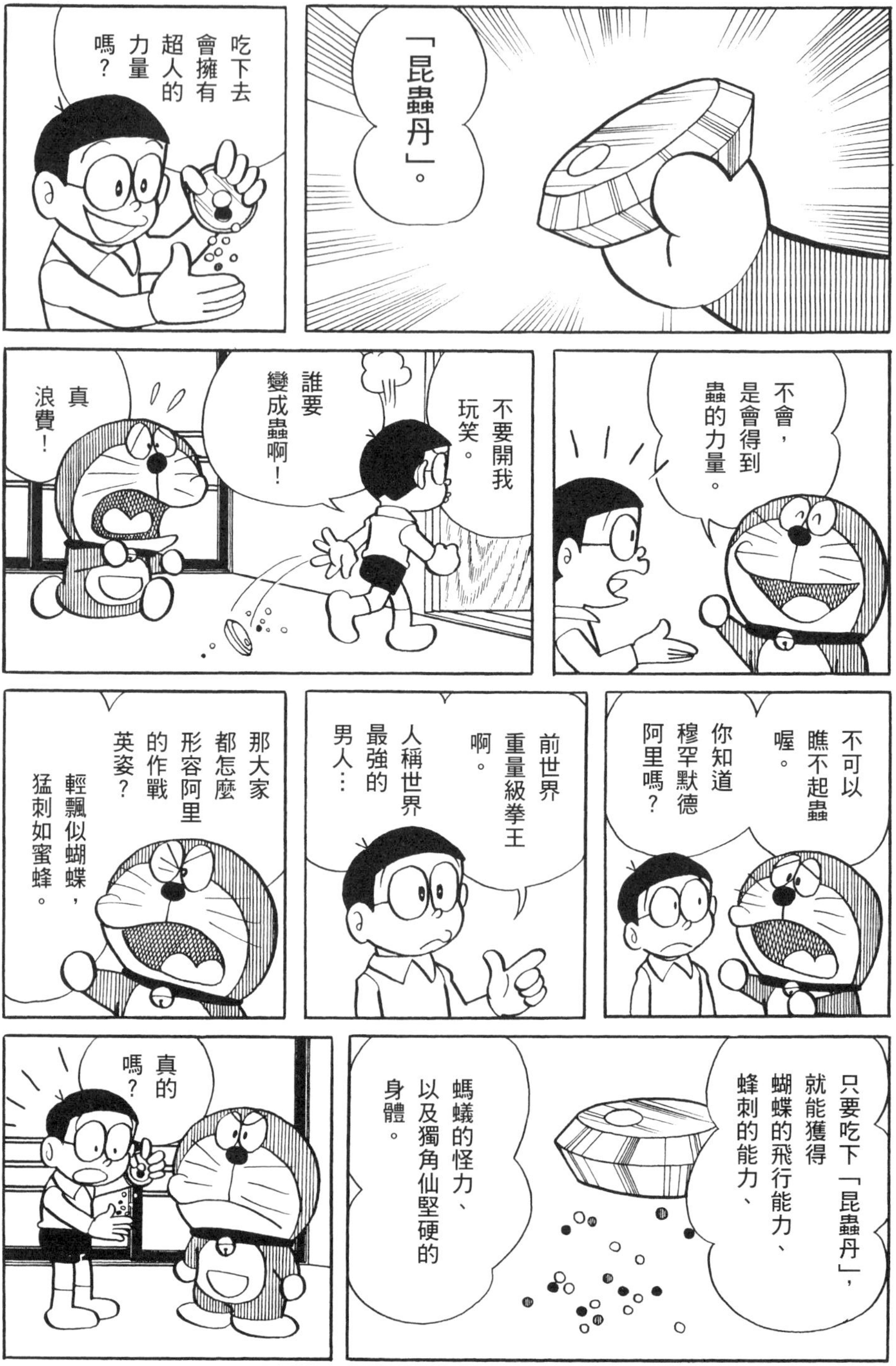
「昆蟲丹」。
吃下去會擁有超人的力量嗎？
不會，是會得到蟲的力量。
不要開我玩笑。
誰要變成蟲啊！
真浪費！
不可以瞧不起蟲喔。
你知道穆罕默德阿里嗎？
前世界重量級拳王啊。
人稱世界最強的男人……
那大家都怎麼形容阿里的作戰英姿？
輕飄似蝴蝶，猛刺如蜜蜂。
只要吃下「昆蟲丹」，就能獲得蝴蝶的飛行能力、蜂刺的能力、
螞蟻的怪力、以及獨角仙堅硬的身體。
真的嗎？

A 真的。例如蜉蝣是在變成成蟲的一天至一星期內就會死亡，由於牠們只是為了留下子孫而活動，所以口部就退化了。

※投入

※螞蟻和阿里的日文發音相同。

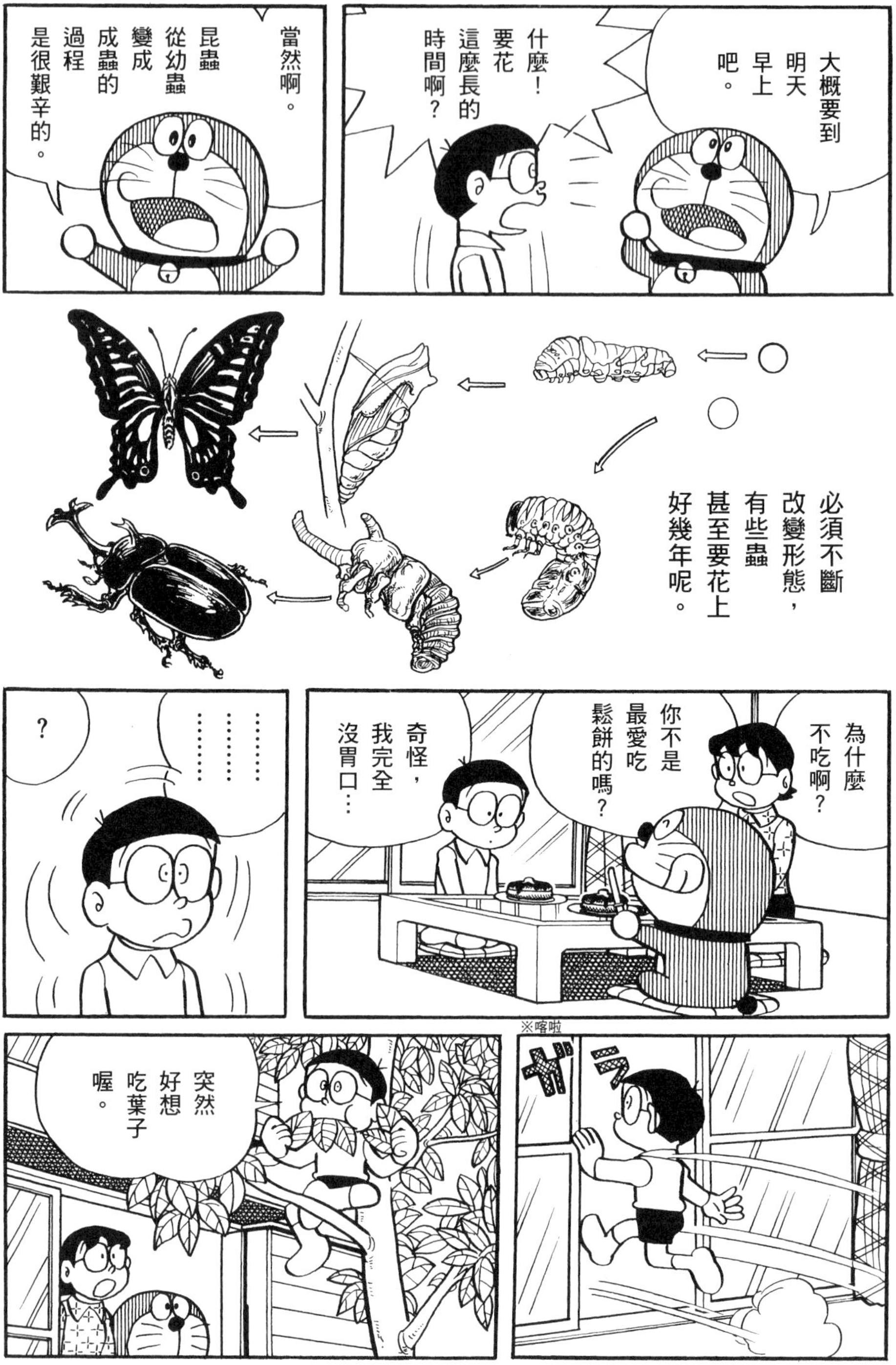
大概要到明天早上吧。
什麼！要花這麼長的時間啊？
當然啊。昆蟲從幼蟲變成成蟲的過程是很艱辛的。
必須不斷改變形態，有些蟲甚至要花上好幾年呢。
為什麼不吃啊？
你不是最愛吃鬆餅的嗎？
奇怪，我完全沒胃口…
……
?
ガラ
※喀啦
突然好想吃葉子喔。

Q 昆蟲身體裡重要器官的位置，和哺乳類的幾乎完全相同。這是真的嗎？

A 假的。哺乳類的中樞神經位於背側，但是昆蟲的則位於腹側。此外，昆蟲的心臟位於背部，這也和哺乳類正好相反。

哇～順利結成繭了。
有動靜……
應該快出來了吧。
メリメリ
※霹哩
バリッ
※啪拉
スポーン
※咻～碰
成功了!!
看起來好像沒什麼不同……
不不。
你已經擁有昆蟲的力量了。

終極昆蟲發現機Q&A

Q 只有昆蟲有會完全變態的種類。這是真的嗎？

A 真的。雖然甲殼類、爬蟲類、兩生類和部分的魚類都有會變態的種類，但是只有昆蟲有會完全變態的種類。

※嘎鏘
※匡噹
跟獨角仙一樣堅硬吧！
唔…
你找死啊!!
輕飄似蝴蝶…
猛刺如蜜蜂!!
ボガ
※喀碰咚
※噗嚕
ブルン
ブルン
螞蟻的怪力。
ダーン
「昆蟲丹」真是太棒了。

消息怎麼傳得這麼快啊。
我天不怕地不怕。
※抖抖
咦？原來會怕捕蟲網啊？
ジュー
ジュー
※嘶嘶
原來也怕殺蟲劑啊？果然沒有十全十美的事。

猛刺如
蜜蜂!!

昆蟲是地球上最繁盛的生物！

包含未發現的物種在內，昆蟲種類有一千萬種以上！

插圖／佐藤諭

在地球上，其實有非常多的生物生存著。例如包含我們人類在內的哺乳類、青蛙等的兩生類、鳥類、魚類等，每個類別的生物分別擁有數千甚至數萬個物種。但是有一類生物所具有的物種數，比這些物種全部加起來還要多，那就是「昆蟲」。

光是現在已經確認的昆蟲就已經超過一百萬種以上，而且每年還持續發現一萬種以上的新種。有研究者認為，若是包含未確認的物種在內，昆蟲的數量應該在一千萬種以上。讓我們一起來探究，為什麼昆蟲能夠如此繁盛的祕密吧。

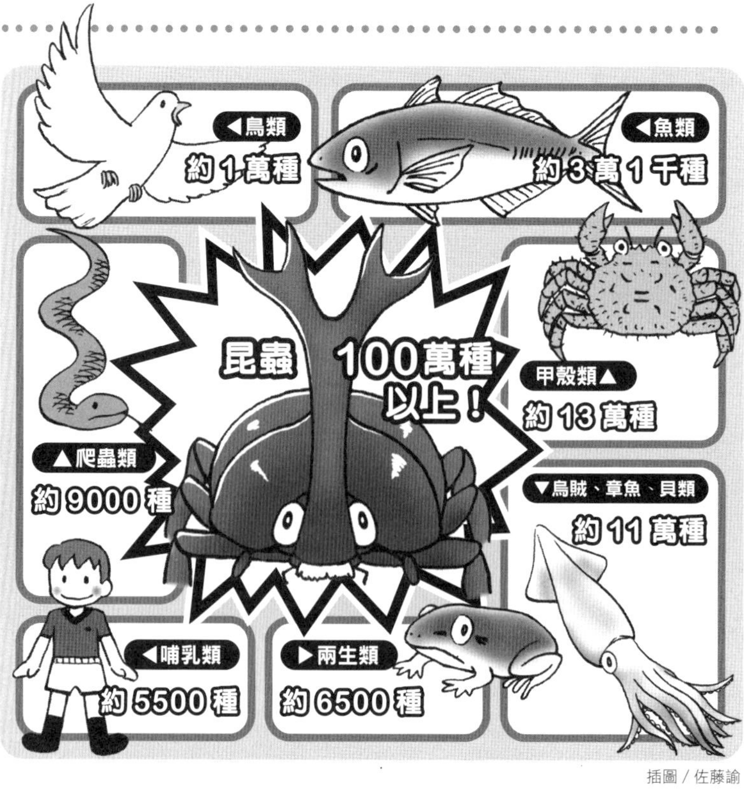
◀鳥類
約 1 萬種
◀魚類
約 3 萬 1 千種
昆蟲 100萬種以上！
甲殼類▲
約 13 萬種
▲爬蟲類
約 9000 種
▼烏賊、章魚、貝類
約 11 萬種
◀哺乳類
約 5500 種
▶兩生類
約 6500 種
插圖／佐藤諭

昆蟲的身體結構

Check! 注意

昆蟲的特徵，首先是被稱為外骨骼、包覆住身體的堅硬外殼。牠們的身體分成頭部、胸部、腹部，而且在胸部有 3 對共 6 隻腳；多數具有稱為複眼的眼睛，以及 2 對共 4 片翅膀等等。

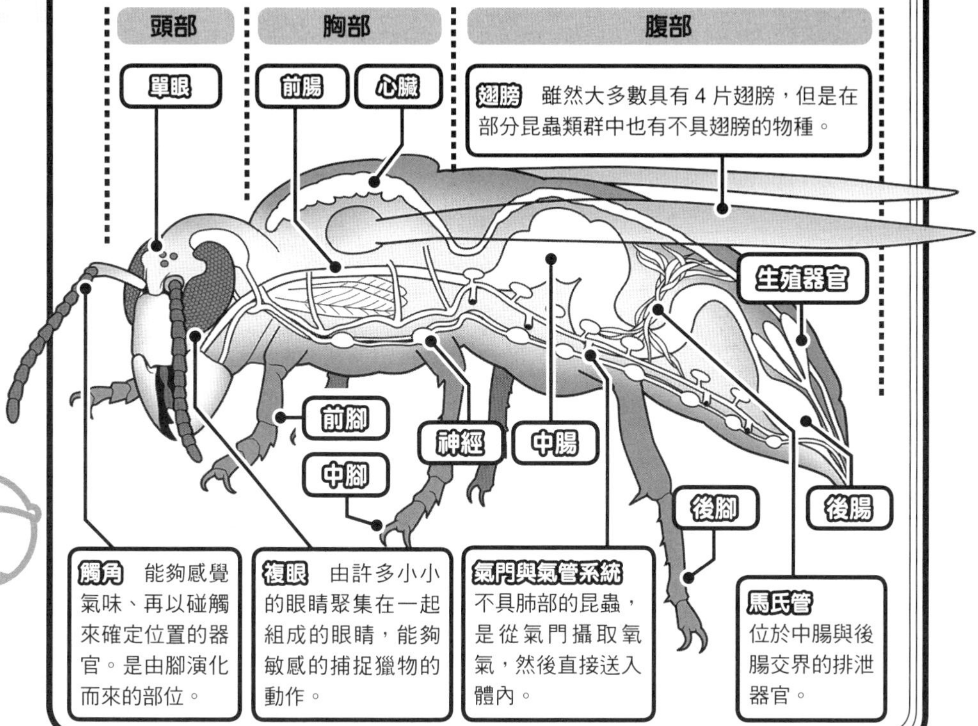
頭部
胸部
腹部
單眼
前腸
心臟
翅膀　雖然大多數具有 4 片翅膀，但是在部分昆蟲類群中也有不具翅膀的物種。
生殖器官
前腳
中腳
神經
中腸
後腳
後腸
觸角　能夠感覺氣味、再以碰觸來確定位置的器官。是由腳演化而來的部位。
複眼　由許多小小的眼睛聚集在一起組成的眼睛，能夠敏感的捕捉獵物的動作。
氣門與氣管系統　不具肺部的昆蟲，是從氣門攝取氧氣，然後直接送入體內。
馬氏管　位於中腸與後腸交界的排泄器官。

插圖／加藤貴夫

蜘蛛和蜈蚣都不是昆蟲？

昆蟲被稱為「節肢動物」，是腳上有節的生物。甲殼類和蛛形類也是節肢動物。雖然有許多人都認為蜘蛛是昆蟲，不過正如上述所說的，昆蟲的身體分成三個部分，有六隻腳，不符合這個定義的蜘蛛和蜈蚣就不被歸類成昆蟲。

© Lodimup/Shutterstock.com

◀ 蜘蛛是屬於蛛形綱，和蠍子及蟎是同類。

▼ 蜈蚣是被分類在多足亞門中有許多腳的節肢動物。

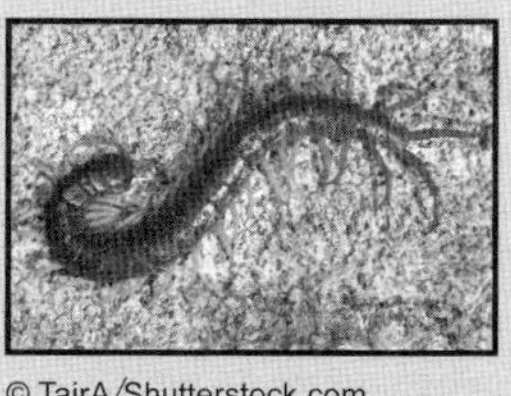

© TairA/Shutterstock.com

昆蟲的身體有如精密機械般具有機能性！

昆蟲眼中的世界和我們完全不一樣

© Tomatito/Shutterstock.com

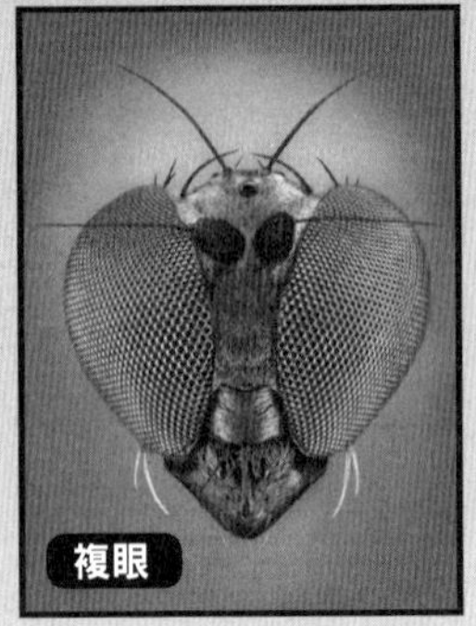

昆蟲在小巧的身體中具備了令人驚奇的機能。例如眼睛，幾乎所有的昆蟲，都具有由小小的眼睛所聚集而成的「複眼」。將映在這一個個小眼睛中的影像播放出來，就能夠看到周圍事物的細微動靜。當我們想要打蚊子的時候，人類的手部動作看在蚊子的複眼中，也許就像是慢動作影片一樣呢！此外，我們也已經知道，蜜蜂和鳳蝶具有能夠看見人類所不能看見的紫外線的能力，於是從牠們的眼睛，就能夠很明顯的看到會產生甜甜花蜜的花朵花瓣。另外，還有能夠感知光線明暗的「單眼」昆蟲喔！

昆蟲的身體被堅硬的外骨骼保護著

以我們人類為首的脊椎動物，骨骼位於身體裡面。但是身為節肢動物的昆蟲，骨骼則位於身體的表面。牠們是由被稱為「外骨骼」的骨骼構造，由外側支撐著身體。

雖然牠們沒辦法像脊椎動物那樣靈活的轉動關節，但因為被堅硬的外骨骼保護住內部器官，所以受到些微的傷害也不會受傷。此外，外骨骼也具有保持體內水分的優點。

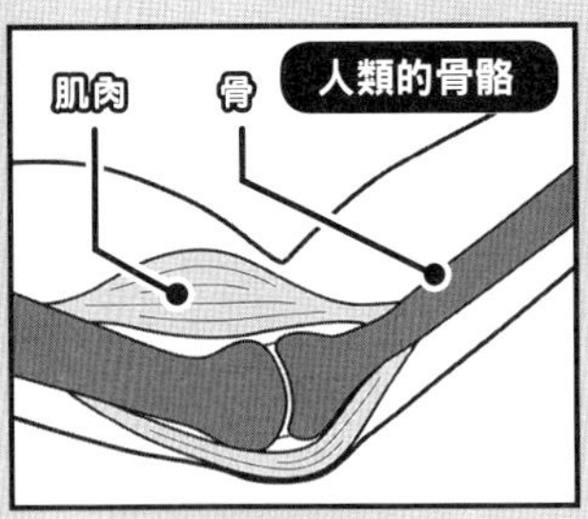

▲ 人類等哺乳類的肌肉是附著在構成關節的骨頭上面。

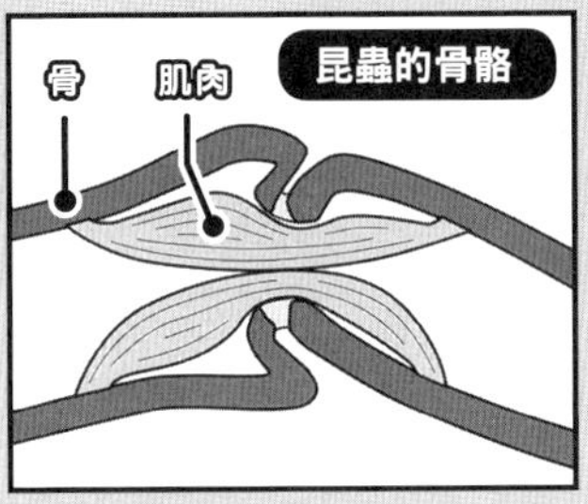

▲ 外骨骼動作關節的肌肉位於殼的內部。

插圖／加藤貴夫

關於飛行，昆蟲是比鳥類早了幾億年的前輩！

© NattapolStudiO/Shutterstock.com

脊椎動物首次在空中飛行，是在距今兩億年前左右，由出現於三疊紀後期的翼龍所達成的。此外，原始的鳥類是在侏儸紀中期至白堊紀前期左右才出現，大約是在一億五千萬年前左右。但是昆蟲卻在比那還要早非常久以前就成功達成飛行。昆蟲的誕生，是在大約四億八千萬年前的奧陶紀。而一般認為牠們在出現的幾千萬年後就開始飛行了，真不愧是前輩，許多昆蟲都具有不輸給鳥類的飛行能力。蜻蜓的盤旋能力以及蒼蠅的急速旋轉能力，更被認為是特別的傑出。

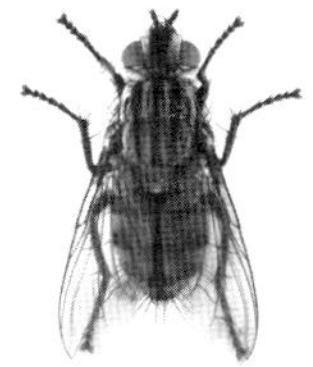

蒼蠅

蒼蠅的後翅已經退化，但就算只有2片翅膀，還是具有很強的飛行能力。

© Kletr/Shutterstock.com

不具有肺部的昆蟲是用氣門呼吸！

昆蟲沒有肺部，牠們的呼吸方式是以排列在身體兩側稱為「氣門」的小洞來進行。從這裡攝取的氧氣，通過稱為氣管系統的管子被直接送到各個器官和細胞。所以昆蟲的血液扮演的並不是把氧氣供給身體的角色，它只負責輸送養分。雖然牠們並沒辦法像用肺呼吸那樣的攝取大量氧氣，但對小小的昆蟲來說，這樣應該已經足夠了！

在日本除了鳥獸魚貝之外的動物，通通都被稱爲「蟲」

日本在江戶時代之前，並沒有「昆蟲」這個名詞，甚至連用來稱呼爬蟲類和兩生類的名詞也同樣沒有，有的只是鳥、獸、魚、貝等名詞而已。除此之外的生物，通通被統稱為「蟲」。感覺起來好像很隨便吧！

插圖／佐藤諭

昆蟲的多樣性起源於「變態」！

哇～順利結成繭了。

多數昆蟲幼蟲和成蟲有幾乎完全不同的外型與生態！

蜻蜓（成蟲）
水蠆（蜻蜓的幼蟲）

© kesipun/Shutterstock.com © Vitalii Hulai/Shutterstock.com

昆蟲當中大約百分之九十九的物種都會變態。幼蟲和成蟲，在外觀上有很大的改變。變態這件事，被認為是昆蟲繁盛的原因。以蜻蜓來說，在還是幼蟲的水蠆期間，是在池塘或水田等水裡面生活。到了成蟲時期則具有翅膀，在空中飛行，活動範圍飛躍性的變廣。親子的生活圈不同的話，就不會爭奪食物，彼此的存活率都會上升。此外，要是遠離誕生場所的話，也會被要求能夠適應新環境。因為如此，就容易讓物種多樣化。

幼蟲爲了吃東西而活 成蟲則爲了留下子孫而活

左邊插圖所示意的是蛾的幼蟲與成蟲（雌性）個別的內部器官。幼蟲的體內幾乎都被用來消化食物的器官占滿了。那是因為讓體型變大，並儲存變成成蟲的能量，是幼蟲活著的目的。而另一方面，在變成成蟲之後其消化器官就變得小巧，取而代之的是發達的生殖器官。因為成蟲的目的是在於找到配偶、留下子孫。

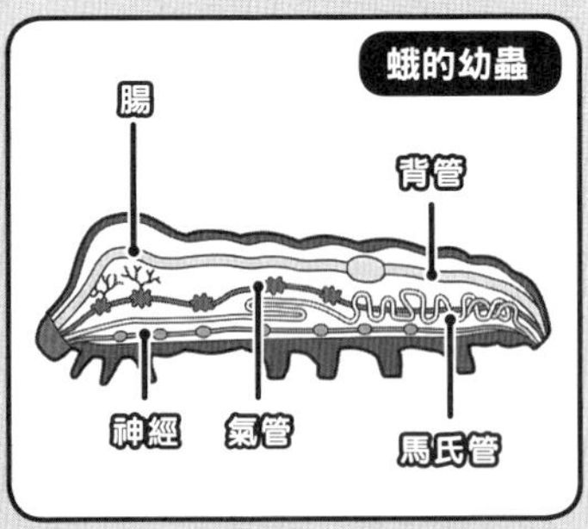
蛾的幼蟲
腸
背管
神經
氣管
馬氏管

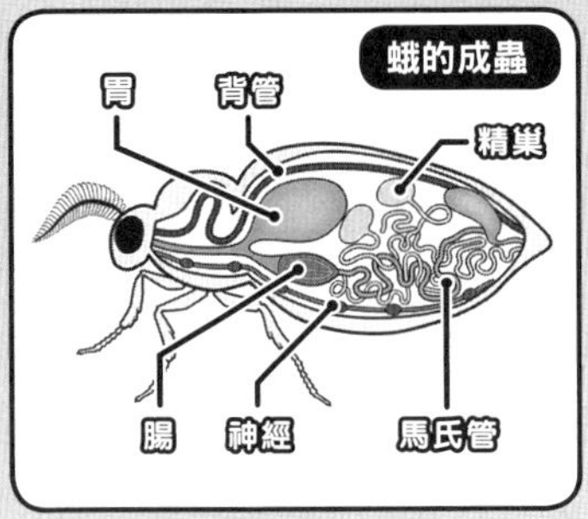
蛾的成蟲
胃
背管
精巢
腸
神經
馬氏管

插圖／加藤貴夫

會變蛹的完全變態及沒有蛹期的不完全變態

昆蟲的變態有兩種型態，一種是從幼蟲經過蛹期再成為成蟲的完全變態，另一種是逐漸成長到最後的蛻皮，之後再羽化的不完全變態。完全變態那一組的種類較多，大約占了昆蟲整體的百分之八十。蛹期是完全沒辦法動的危險狀態，要是在這個時候被捕食者盯上，只有死路一條。既然如此，為什麼有那麼多昆蟲是完全變態的呢？原因之一是能夠盡快變成成蟲的優點。在幼蟲期間就是不停的儲存營養，在蛹中一口氣變成成蟲；越早變成成蟲，留下越多子孫的機會也會增加。而且就像毛毛蟲變成蝴蝶那樣，完全變態會讓親子之間的外觀有戲劇性的改變；食性和生活圈有大幅度改變也是優點之一。

▲ 蟬的羽化。不完全變態的昆蟲，是在最後一次蛻皮時獲得翅膀。

完全變態的例子（蝴蝶）

昆蟲大多數都是經過完全變態再變成成蟲。獨角仙、瓢蟲、蜂和蒼蠅等都是完全變態。

成蟲
蛹
幼蟲
幼蟲
卵

不完全變態的例子（蝗蟲）

大約 13% 的昆蟲是屬於不完全變態。蝗蟲類之外，蜻蜓、蟬和蟑螂也屬於這一類。

成蟲
終齡幼蟲
二齡幼蟲
卵

插圖／加藤貴夫

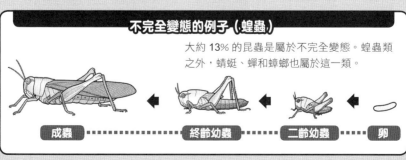

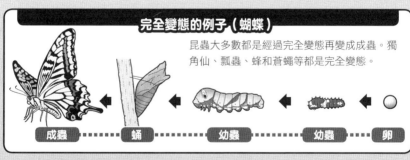

擁有超級驚人力量的昆蟲

昆蟲具有的特殊能力充滿了新技術的靈感

昆蟲在小小的身體中隱藏了驚人的超級力量，例如獨角仙，可以舉起比自身體重八百五十倍的物體。這相當於體重五十公斤的人，抬起重量四十二點五公噸的物體（一公噸等於一千公斤）。又如蜻蜓的飛行速度，瞬間時速可高達一百公里，貓蚤則可以跳躍體長的一百四十倍。

此外，螢火蟲的屁股能夠發光；水黽能夠以在水面上產生的波紋和同伴們溝通；蛾能夠嗅到幾公里外的氣味；蝴蝶之中有為了要越冬而遷徙三千公里的物種。

從哺乳類的角度來看，這每一項都是令人無法置信的特殊能力。許多研究者想要應用這些昆蟲的能力努力開發新的技術，應用到各種範疇上。

在醫療相關方面，利用獨角仙優異的抗菌系統，來對抗使用抗生素時沒有效果的病原菌，或是利用吸血性昆蟲釋出的讓血液不易凝固的物質，來醫治血管阻塞的疾病等方法。

在機械領域中，應用昆蟲的複眼來製作極薄的視覺感應器和螢幕，或是把蜻蜓的翅膀構造應用在風力發電上。而汽車業界則正在研究，模仿蜜蜂巧妙避開障礙物的飛行方式，好應用在自動迴避衝撞系統上呢！

◀糞金龜能夠搬運重達自己體重一千一百四十倍的糞便。

▶蜜蜂能夠巧妙圓滑的避開各種障礙物飛行。

▶目前正在研究該如何將蠶繭的絲做成手術用的絲線。

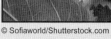

昆蟲誘集板

哇啊，好大的獨角仙喔！
在哪裡抓到的啊？
這是在我家院子裡抓到的喔。
我家的院子很大，加上種了很多樹木和花草，
所以才能吸引很多昆蟲過來。
不像你們家的院子都太小了，真可憐。
※遠藤音樂教室
エンドー音楽堂
簡直是在挖苦人嘛！
給我一個超大的庭院！
別無理取鬧。
我也想要吸引昆蟲來啦！

終極昆蟲發現機Q&A

Q 斑翅短鞘步行蟲，是以什麼方式防身？①針 ②酸 ③屁

A

③屁。斑翅短鞘步行蟲的屁是毒液，與空氣接觸後會產生一百度以上高溫，被噴到的話連人類都有可能遭受失明的危險呢！

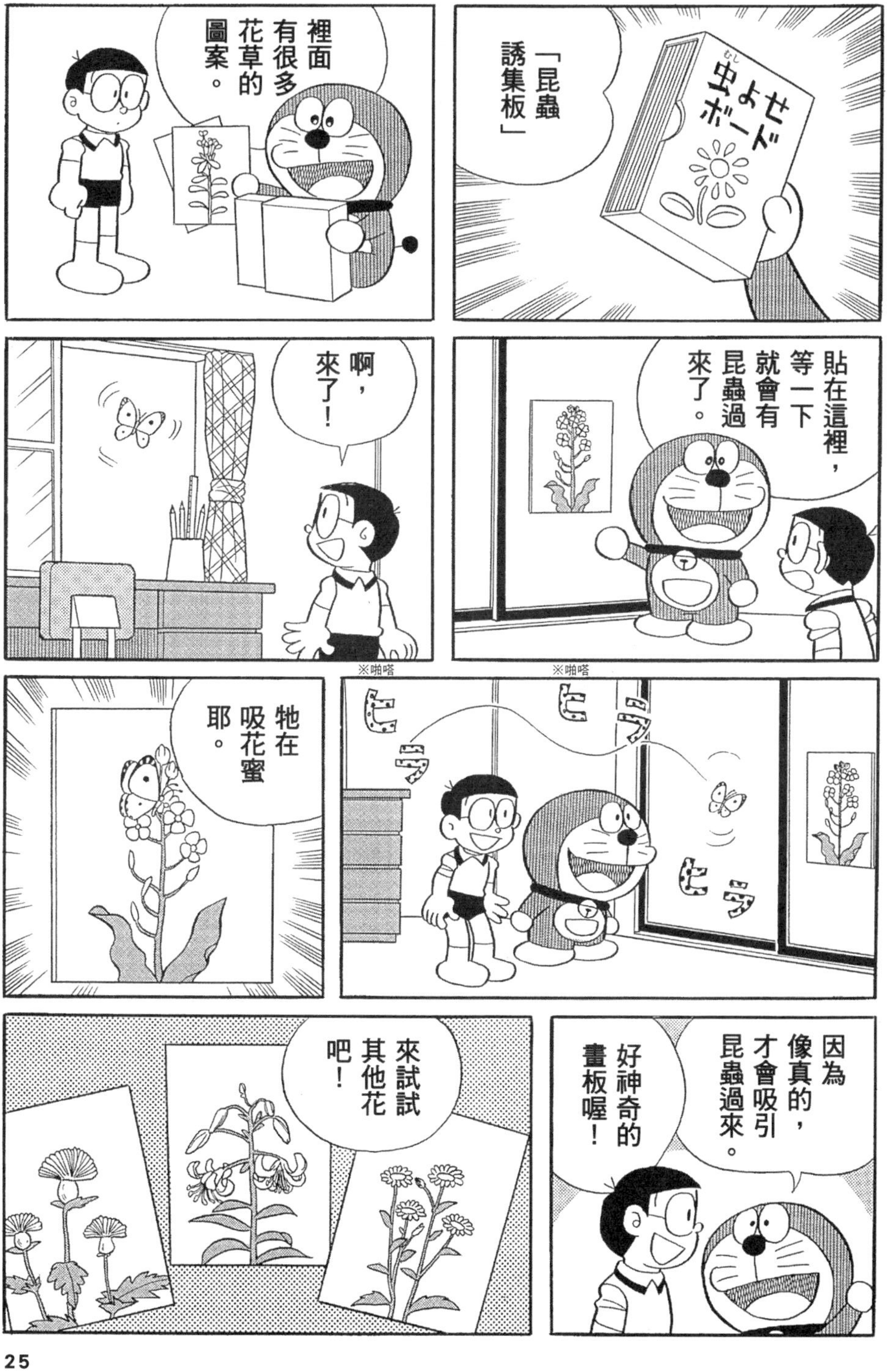

虫よせボード
「昆蟲誘集板」
裡面有很多花草的圖案。
貼在這裡，等一下就會有昆蟲過來了。
啊，來了！
※啪嗒
ヒラ
ヒラ
ヒラ
牠在吸花蜜耶。
因為像真的，才會吸引昆蟲過來。
好神奇的畫板喔！
來試試其他花吧！

Q 有昆蟲會自己栽種食物。這是真的嗎？

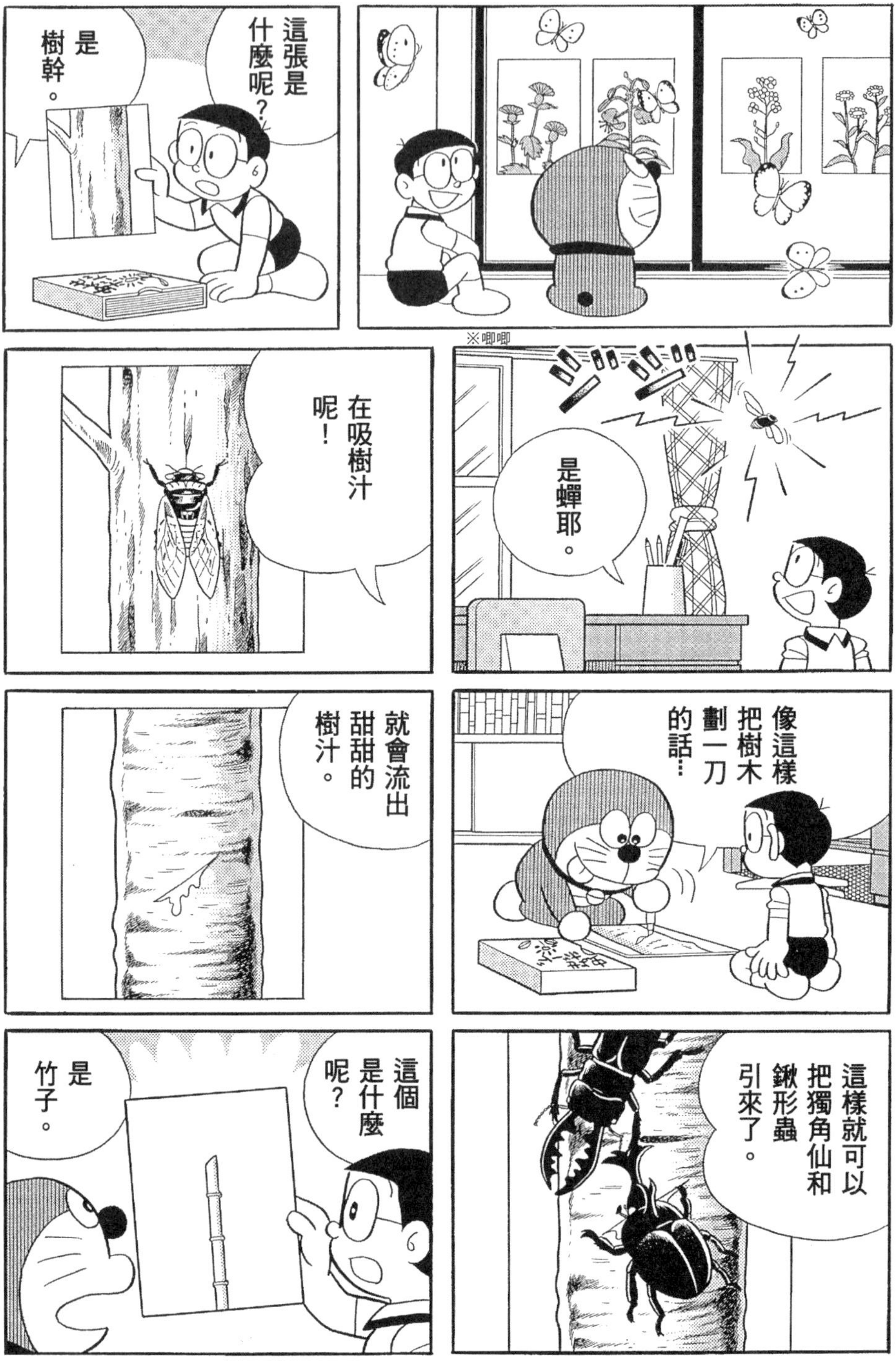
這張是什麼呢？
是樹幹。
※唧唧
是蟬耶。
在吸樹汁呢！
像這樣把樹木劃一刀的話…
就會流出甜甜的樹汁。
這樣就可以把獨角仙和鍬形蟲引來了。
這個是什麼呢？
是竹子。

A 真的。土白蟻和切葉蟻會在糞便上面植入菌絲，吃成長以後的菌類來攝取蛋白質。

※嗡嗡嗡
換這張吧！
哇！好多蜜蜂啊！
用完可以還給我們了嗎？
被我扔了！有意見嗎!!
過了兩個月之後——
這張不是被胖虎扔掉的「昆蟲誘集板」嗎？

Q

昆蟲拍翅的速度，最多每秒可以拍幾下？①大約十下 ②大約一百下 ③大約一千下。

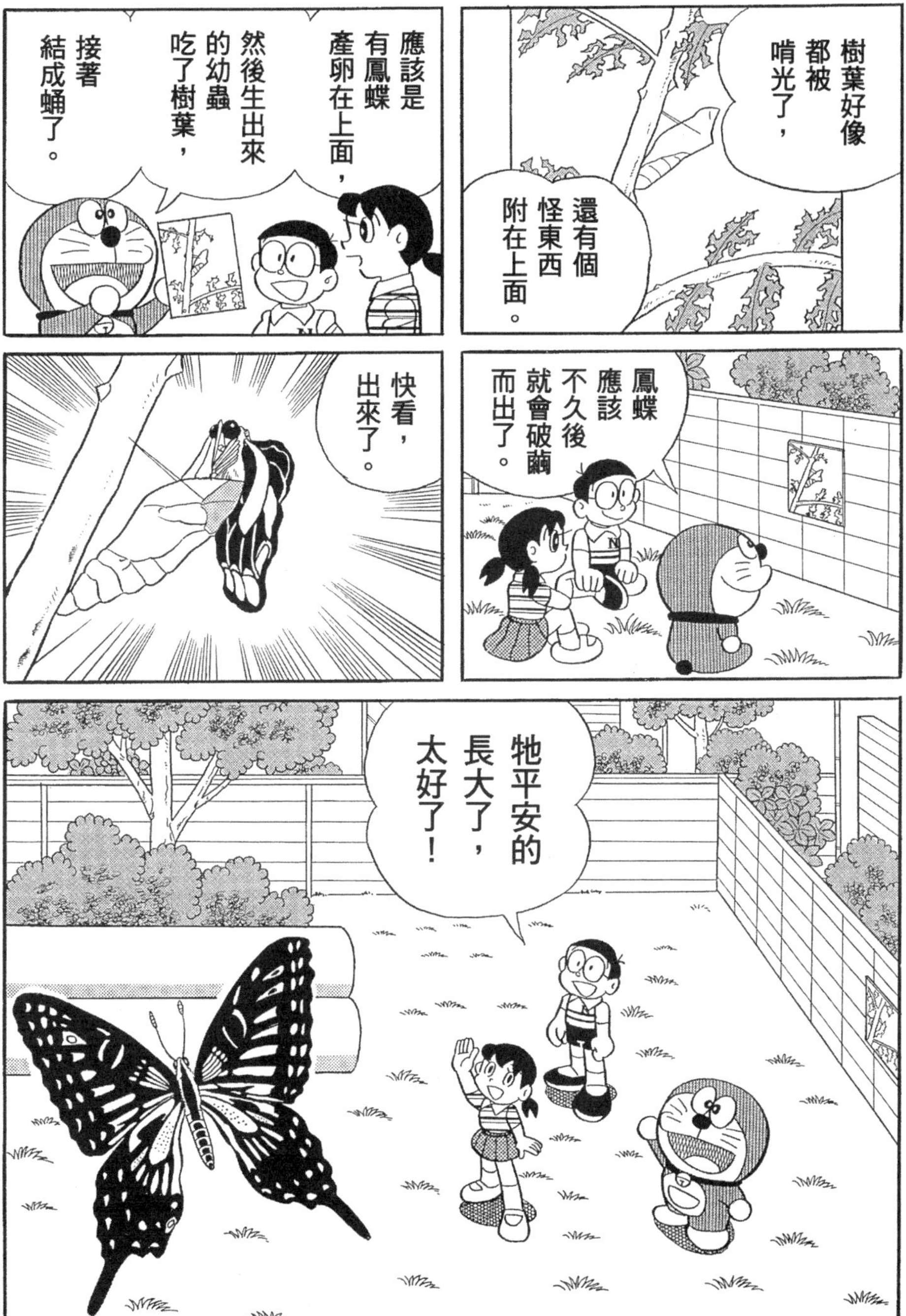
樹葉好像都被啃光了，
還有個怪東西附在上面。
應該是有鳳蝶產卵在上面，然後生出來的幼蟲吃了樹葉，接著結成蛹了。
鳳蝶應該不久後就會破繭而出了。
快看，出來了。
牠平安的長大了，太好了！

A ③大約一千下。名為庫蠓的這類體型很小的蚊子，保有每秒鐘能夠拍一千零四十六下的拍翅紀錄。

快看，
出來了。

昆蟲是很早就爬上陸地的動物

大約四億八千萬年前，繼植物之後，昆蟲也來到陸地上！

最早從海洋進入陸地的生命是植物，那是在距今大約五億年前左右的寒武紀。當時的陸地，只有荒涼的岩場廣布著而已。對生命來說，是遠比海洋要嚴酷許多的環境。但是隨著植物擴展了繁殖地，動物們能夠生存的環境也逐漸開始整頓了出來。到了大約四億八千萬年前（奧陶紀），最初的動物——昆蟲，登上了陸地（雖然到最近幾年為止都說昆蟲的登陸大約是在四億年前，但是從昆蟲的基因研究結果，知道了其實還要比那再早八千萬年左右）。

插圖／加藤貴夫

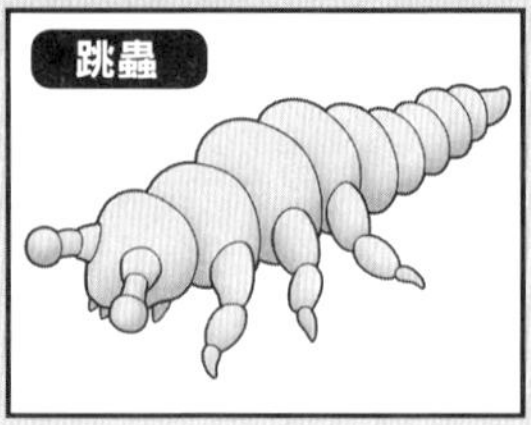
跳蟲

右圖為一種學名為 *Rhyniella praecursor* 的跳蟲，體長大約一公釐，屬於彈尾類，生長在大約四億年前，是一種與昆蟲有些類似的內口綱動物。

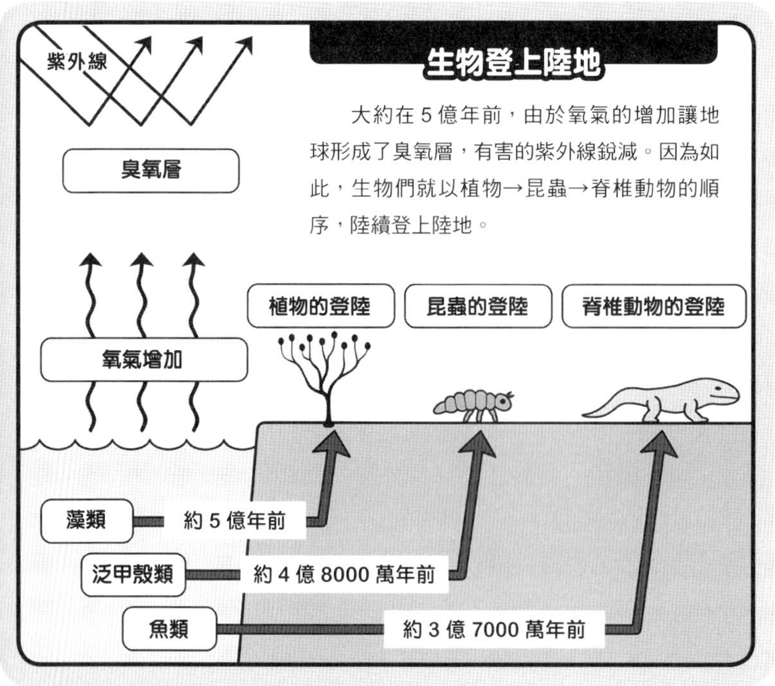
紫外線
生物登上陸地
大約在 5 億年前，由於氧氣的增加讓地球形成了臭氧層，有害的紫外線銳減。因為如此，生物們就以植物→昆蟲→脊椎動物的順序，陸續登上陸地。
臭氧層
氧氣增加
植物的登陸
昆蟲的登陸
脊椎動物的登陸
藻類
約 5 億年前
泛甲殼類
約 4 億 8000 萬年前
魚類
約 3 億 7000 萬年前

插圖／加藤貴夫

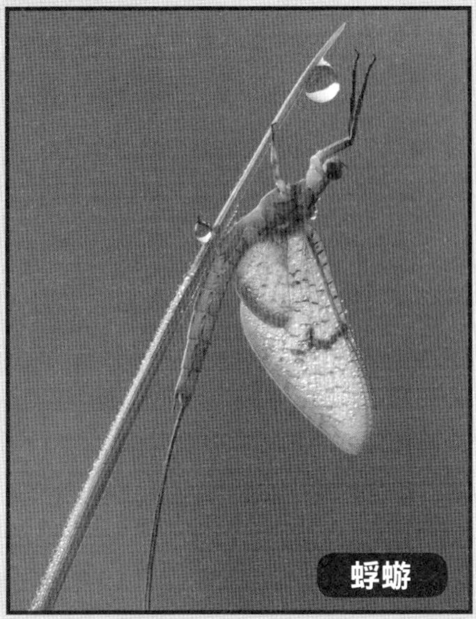

▲ 最早獲得翅膀的昆蟲，似乎是蜻蜓類和蜉蝣類。

比四億年前還更早時，昆蟲就已經獲得了翅膀

昆蟲在登陸的數千萬年後，至少是在比四億年還要早之前（泥盆紀）就已經獲得了翅膀。由於沒有找到能夠顯示翅膀演化過程的化石，目前尚無法確認翅膀是由身體的哪個部分變成的，但是一般認為具有翅膀的昆蟲，是在非常短的期間內就出現了。

總而言之，獲得了翅膀的昆蟲，活動範圍就飛躍性的變廣了。而且不光只是距離變廣而已，也意味著牠們在樹上或山中等的立體性也變廣了。昆蟲散布在環境各異的不同場所中，分別獨自演化，再逐漸多樣化。

在大約一億年後，我們人類的祖先「脊椎動物」首次登上陸地時，在陸地上的各種場所已經都有很繁盛的各類昆蟲了。

三億五千萬年前，完全變態的昆蟲登場！

在前一章說過，昆蟲之所以能夠繁榮，是由於翅膀與被稱為變態的成長系統。繼獲得翅膀後，昆蟲在三億五千萬年前，又獲得了這個完全變態的成長系統。這是根據最新的基因解析結果所判斷出來的喔！

昆蟲與植物的共生及殊死搏鬥

昆蟲與植物間的戰鬥促進了彼此的演化？

對於緊接在植物之後登陸的昆蟲來說，主要的食物當然就是植物。而不會動的植物若是不採取一些對策的話，在瞬間就會被吃光光。於是植物為了要存活下來，以各種不同的戰略和草食昆蟲戰鬥。其實大部分的植物，都是以獨自的防禦物質（毒），來保護自己不被昆蟲吃掉。但是接下來就出現了讓消化器官適應那種毒的昆蟲。對那種昆蟲來說，那種植物是只有自己的，也是唯一的食物。像這樣結了特別關係的昆蟲與植物，有時是以「共生」的型態，為了彼此的利益而共同合作。

◀雖然昆蟲或蝴蝶吸走了花蜜，卻也幫忙傳送花粉。這是典型共生關係的一個例子。

© Piyato/Shutterstock.com

給予巢和食物，但也請牠們幫忙防身的「螞蟻植物」

有一種植物會讓蟻群住在自己的樹幹中。廣布於東南亞的血桐會與舉尾家蟻共生，它們會以從莖部釋出的螞蟻專用養分來供養蟻群，但也讓螞蟻來保護它們，讓葉子不會被其他昆蟲吃掉。而沒辦法共生的大多數血桐，通常都會被毛毛蟲或是蝗蟲整個吃光光。和螞蟻共生的「螞蟻植物」有很多種，其中以主要分布於澳洲的相思樹及相思樹蟻最為有名。

© McCarthy's Photo Works/Shutterstock.com

舉尾家蟻

相思樹蟻

© Angel DiBilio/Shutterstock.com

為了擊退昆蟲，也有找寄生蜂來幫忙的植物

只要說到蜂，首先就會想到蜜蜂或是胡蜂，但是會像牠們那樣築大型的巢、行集團生活的蜂，其實是屬於少數。多數的蜂，是在其他昆蟲的體內產卵、繁殖的「寄生蜂」。寄生蜂對大部分的昆蟲來說是可怕天敵，但是卻有一些植物專門利用牠們。例如玉米或棉花。當夜盜蛾這種蛾的幼蟲吃它們的葉子時，植物就會和夜盜蛾幼蟲的唾液起化學反應，製造出引誘寄生蜂前來的物質。十字花科的植物和紋白蝶幼蟲之間似乎也會發生同樣的事情。植物的防衛策略，真是深奧到讓人有點害怕啊！

▲ 被寄生蜂產卵在體內的昆蟲，最後會從體內被吃光而死亡。

有的植物只讓特定的昆蟲吸蜜

非洲大陸東邊的島嶼——馬達加斯加島上，有一種昆蟲的體長約八公分，口器的長度卻長達二十公分以上，名為馬達加斯加長喙天蛾。牠們的口器被認為是為了從大彗星蘭這種植物的長管狀花瓣中吸食花蜜而特別演化出來的。

馬達加斯加長喙天蛾

插圖／高橋加奈子

特別專欄

欺騙昆蟲的植物？

花雖然會讓昆蟲吸食它們的蜜，卻也請牠們幫忙把花粉運送到遠方。但是有些植物並不遵守這種約定。名為鐵錘蘭（*Drakaea glyptodon*）的這種植物讓花的一部分看起來很像雌性的土蜂，引誘雄性土蜂過來，好把花粉沾在牠們的身上。

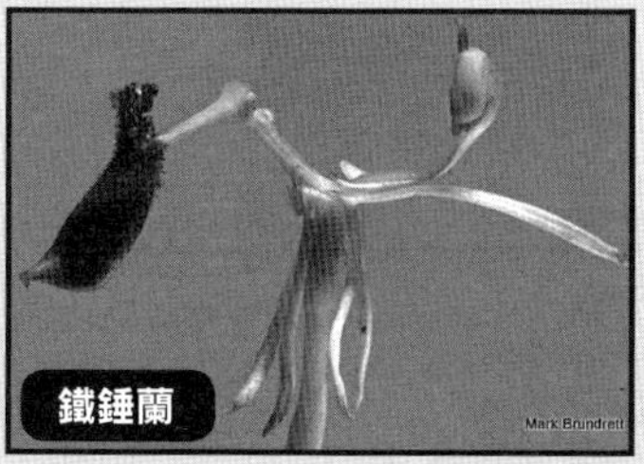
鐵錘蘭
Mark Brundrett

昆蟲爲什麼沒有大型化？

沒有肺的昆蟲，在現在的地球環境中無法變大？

越了解牠們的超能力，就越覺得昆蟲變小真是一件幸運的事。因為大家絕對不會想要遇到跟人長得一樣大的螳螂或是胡蜂吧！可是，為什麼昆蟲不會變大呢？

原因之一可能是因為昆蟲沒有肺。在氧氣濃度比現在還要濃百分之十左右的三億年前，曾經有翅膀長度將近八十公分的巨脈蜻蜓生活著。只是現在的氧氣濃度，以攝取空氣的力量比肺弱的昆蟲氣門或是氣管系統，大型昆蟲會沒辦法行動活躍。

巨脈蜻蜓（想像圖）

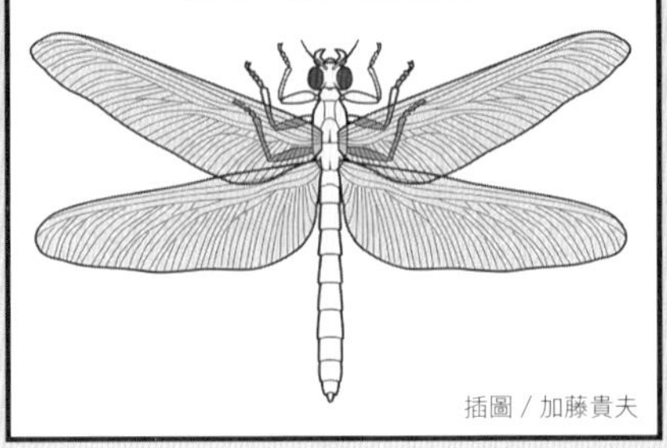

插圖／加藤貴夫

小型的身體帶來現在的繁榮？

除了無法用肺呼吸之外，昆蟲的外骨骼也被認為是無法大型化的原因。昆蟲是會蛻皮和變態的生物，由於在蛻皮和變態的時候外骨骼也必須重新生長，因此需要攝取大量的養分。換句話說，在有限的生活環境中，會需要額外的食物，當然也會發生新的生存競爭。考量到這樣的危險性，在大型化之後所能夠得到的好處應該不多才對。

實際上，端看小型昆蟲不論是在種類或是在個體數方面，都比其他的大型生物還要繁榮的這一點上，就可以斷定牠們的戰略其實非常正確吧！

插圖／佐藤諭

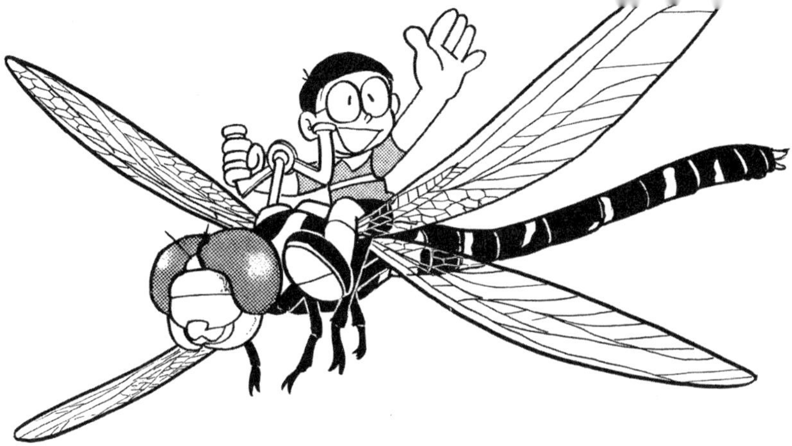

乘坐昆蟲飛機吧！

Q 生活於石炭紀的巨大蜻蜓——巨脈蜻蜓，也跟現代的蜻蜓一樣能夠盤旋。這是真的嗎？

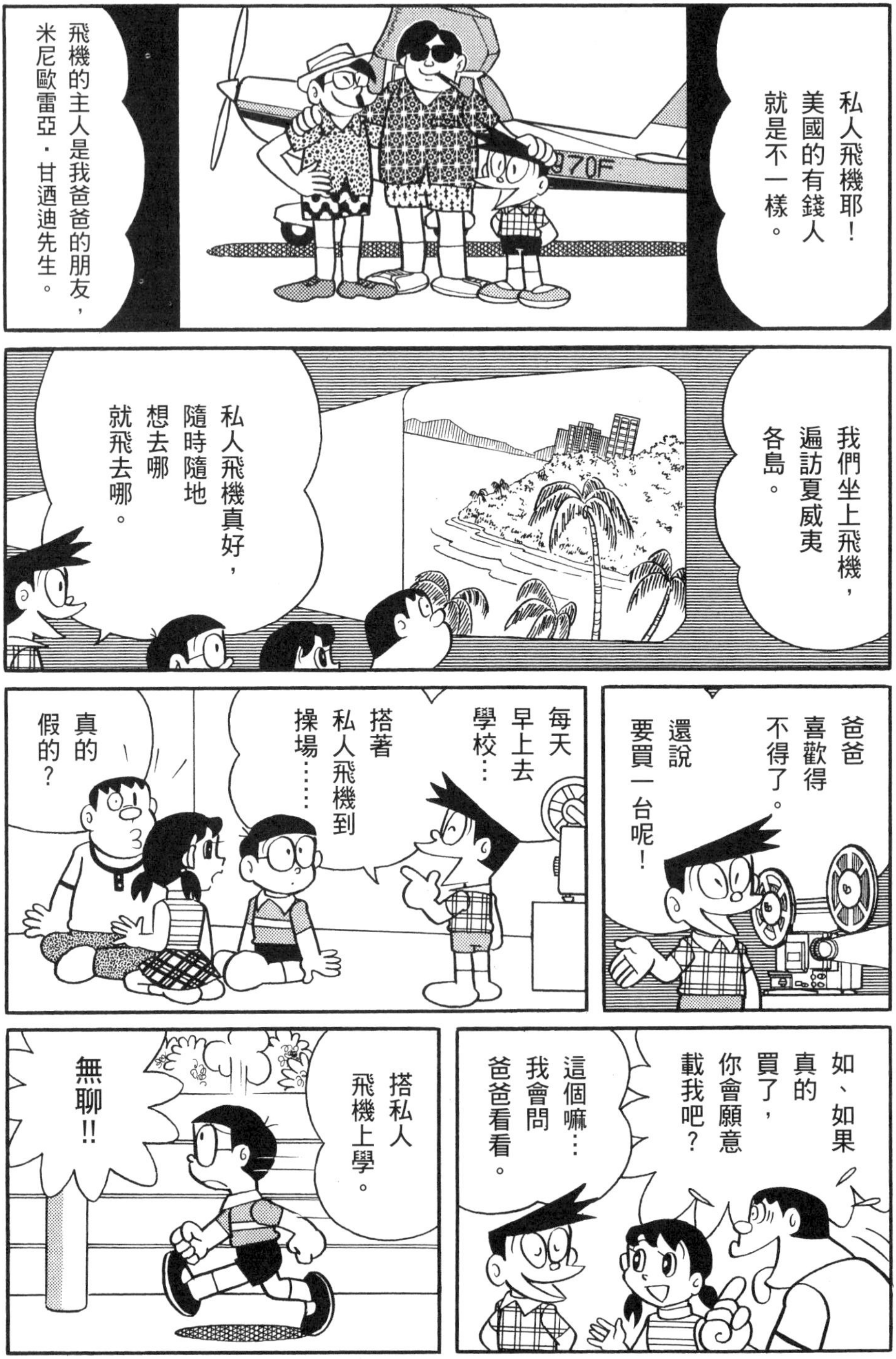
私人飛機耶！美國的有錢人就是不一樣。
飛機的主人是我爸爸的朋友，米尼歐雷亞・甘迺迪先生。
我們坐上飛機，遍訪夏威夷各島。
私人飛機真好，隨時隨地想去哪就飛去哪。
爸爸喜歡得不得了。
還說要買一台呢！
每天早上去學校…搭著私人飛機到操場……
真的假的？
如、如果真的買了，你會願意載我吧？
這個嘛…我會問爸爸看看。
搭私人飛機上學。
無聊!!

A 假的。一般認為由於牠們的翅膀比現代的蜻蜓要平，所以沒辦法執行像盤旋這類的高階飛行技術。

我要坐，我要坐。
等一下，這裡又沒有昆蟲。
到學校後山去吧！
這裡一定有很多昆蟲。
要仔細挑選，如果坐在蟬身上，就會很吵喔！
那隻蜻蜓好了。
按下按鈕!!
※嘶～
好，飛進來了。
※嘶～波
哇！
スポ
馬上裝上「操蟲桿」!!

終極昆蟲發現機Q&A

Q

蜻蜓的幼蟲——水蠆，連魚類都會抓來吃。這是真的嗎？

A

真的。水蠆跟成蟲一樣都是肉食性的，會捕捉棲息在水中的小型昆蟲來吃，或是吸食小魚的體液成長。

哇！飛起來了。
呀！好快啊，眼花撩亂了。
不能放開「操蟲桿」!!
冷靜點!!
※咻咻咻
慢慢的向前推。
グ・グーッ
好，那樣就行了。
感覺如何？
好棒喔。
比「竹蜻蜓」還好玩。
小夫跟胖虎在那裡。
私人飛機好有趣喔！

Q 從前的日本人把蜻蜓和蜉蝣混為一談。這是真的嗎？

A 真的。「蜻蛉」這個日文裡的漢字，同時用來表示蜻蜓和蜉蝣。在江戶時代前，都把牠們當成同種。

終極昆蟲發現機Q&A

Q

當蜻蜓降落到地面，就會用六隻腳靈巧的走路。這是真的嗎？

呀啊——
啊……不好了!!
好危險。
※啪
大雄到哪裡去了？
靜香跟哆啦A夢呢？
教我們如何坐吧！
只要按下按鈕就好了嗎？

A 假的。基本上，蜻蜓並不會用走的。當腳離開抓住的東西時，就會很自然的拍打翅膀飛起來。

蜻蜓是最傑出的飛行生物

蜻蜓（無霸勾蜓）的身體構造 Check! 注意

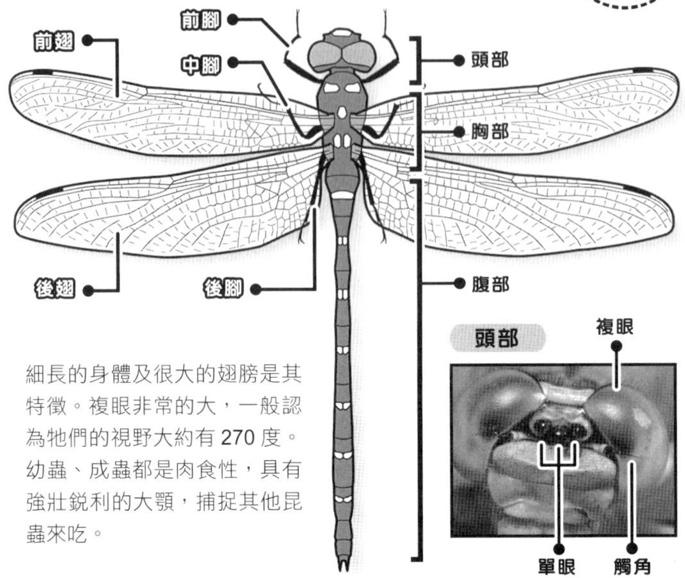

細長的身體及很大的翅膀是其特徵。複眼非常的大，一般認為牠們的視野大約有 270 度。幼蟲、成蟲都是肉食性，具有強壯銳利的大顎，捕捉其他昆蟲來吃。

插圖 / 加藤貴夫

◀從石炭紀地層發掘出來的原蜻蜓化石。

蜻蜓是自三億年前就很繁盛的最古老昆蟲類群之一！

蜻蜓在昆蟲之中算是古老的物種，至少在三億年前（石炭紀）就已經登場。在古代的蜻蜓之中，以展開翅膀就有將近八十公分的巨脈蜻蜓（參照第三十四頁）最為人所知，不過也確認到有許多跟現在的蜻蜓差不多大小的物種。檢視這個時代的化石時最令人驚訝的是，牠們的外觀跟現在幾乎沒什麼改變。當脊椎動物好不容易發展到陸地上時，蜻蜓已經是達成高度演化的生物了。

具有廣闊視野、傑出的飛行能力以及強韌顎部的蜻蜓，從太古以來就一直持續位於昆蟲界食物鏈的頂點。

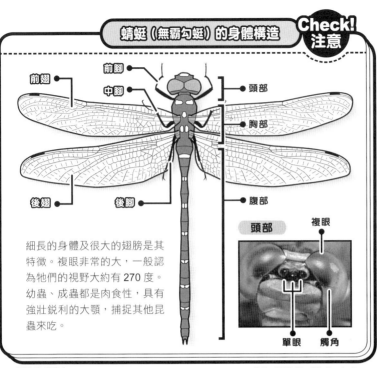

蜻蜓的飛行能力即使使用最新技術也無法重現？

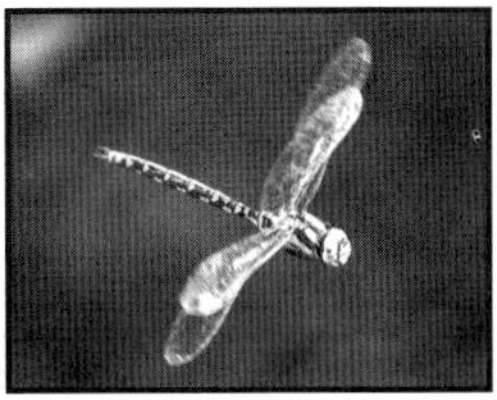

蜻蜓以在昆蟲中具有卓越飛行能力而聞名，例如綠胸晏蜓能夠以時速二十五公里以上的速度飛行。以體長不滿十公分的生物來說，那是令人驚異的速度（據說瞬間速度還有可能達到時速一百公里）。此外，蜻蜓能夠急速起飛、停止、旋轉，就連空中翻滾或是滯留盤旋都辦得到。除此之外，雖然速度很慢，卻也還能夠往後退。像這樣的飛行生命體是獨一無二的，在人類搭乘的交通工具中也絕無僅有。如此卓越飛行能力的祕密在於牠們的翅膀。

蜻蜓的翅膀在乍看之下是平的，其實卻是由稱為翅脈的許多條線組成複雜的立體面。這個有凹有凸的翅膀在受風以後，就會產生適合飛行的氣流。再加上支撐蜻蜓翅膀的肌肉很強韌，四片翅膀能夠迅速且分別動作。

現在，研究者們已經開始嘗試對蜻蜓的優秀翅膀進行解析，想要應用在新的技術上。

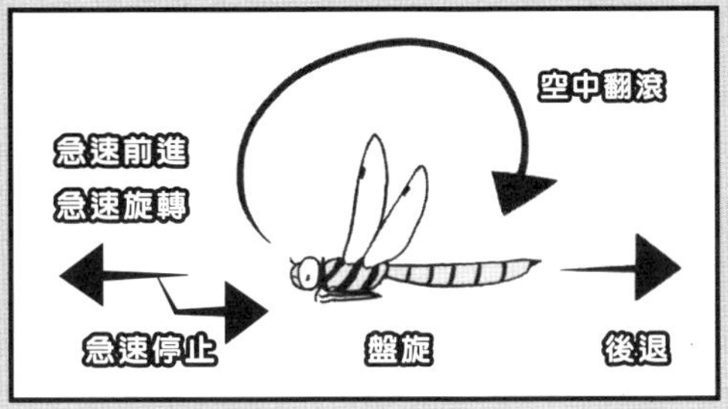

急速前進
急速旋轉
空中翻滾
急速停止
盤旋
後退

插圖／佐藤諭

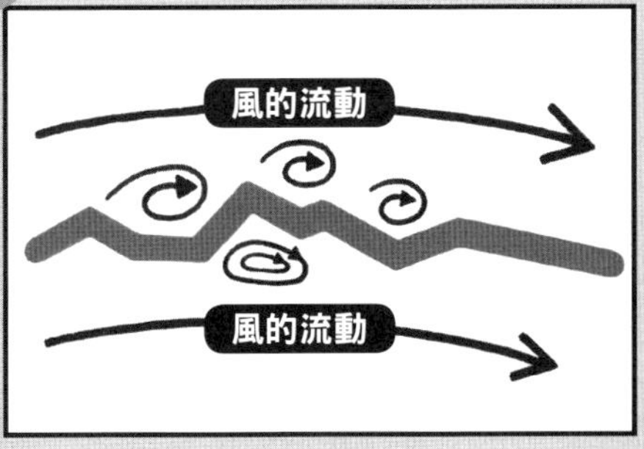

風的流動
風的流動

插圖／佐藤諭

▲蜻蜓是以翅膀表面的凹凸線條來製造複雜的空氣漩渦，獲得高度的浮力。

▲風力發電具有在風力不強的時候，發電力就會下降的缺點。聽說他們是以將風車葉片的形狀做得類似蜻蜓的翅膀，來提高發電效率。

在超過三千個卵中，能夠長成成蟲的只有幾隻而已

蜻蜓的雌蟲一生會產三千至五千顆卵。牠們會把卵產在池塘或是水田等水中或是水邊。因為牠們的幼蟲水蠆是在水中生活。

只不過能夠從卵變成水蠆的，只有整體的少數百分比而已。而能夠從水蠆長成成蟲的，又只有其中的幾個百分比，一般認為大概不會超過十隻。絕大部分都是被其他的動物捕食，或是由於淹水等因素而被流走。再加上變成成蟲之後，當然也會被鳥類等捕食，所以能夠留下後代的真的只有幾隻而已。在自然界中想要存活下來，真的是非常困難。

蜻蜓卵孵化的時間，最快是五天，慢的有可能要花上八個月左右。雖然天然災害或是食物鏈食物網是沒辦法的事，但是也希望大家能夠多加注意，不要讓人類破壞昆蟲的生活環境。

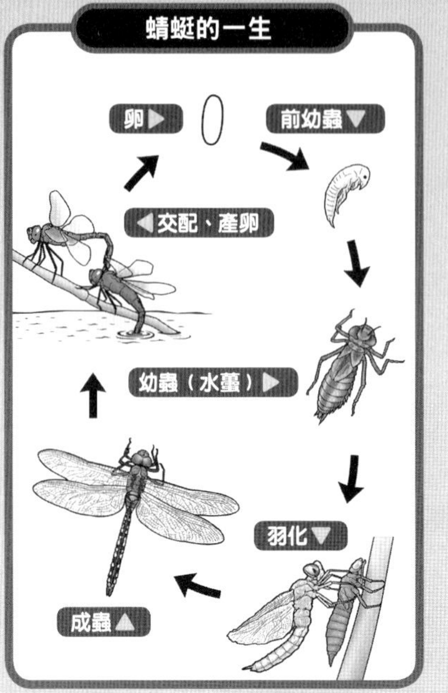

蜻蜓的一生
卵▶
前幼蟲▼
◀交配、產卵
幼蟲（水蠆）▶
羽化▼
成蟲▲

插圖／加騰貴夫

▼ 喜歡水田的蜻蜓。

© Ratthaphong Ekariyasap/Shutterstock.com

特別專欄

蜻蜓會因人類用手指頭在牠們眼前轉圈圈而頭昏？

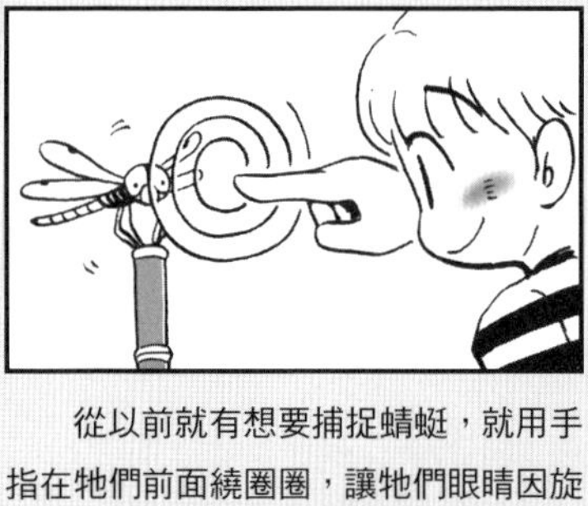

從以前就有想要捕捉蜻蜓，就用手指在牠們前面繞圈圈，讓牠們眼睛因旋轉而頭昏的說法。其實蜻蜓的眼睛是不會轉的。牠們會變得比較容易捕捉，是由於指頭在前面轉來轉去的動作會讓牠們分神，對其他危險的注意力變得散漫所致。

插圖／佐藤諭

蝴蝶翅膀

※撒拉撒拉

ひら
ひら
蝴蝶真好…
我也好想像那樣飛在空中喔！
那我幫你吧。
「蝴蝶翅膀」。
裝上這個就可以飛囉。

終極昆蟲發現機Q&A

Q 昆蟲腳的數目是6隻，只有天蛾幼蟲和毛毛蟲例外有16隻。這是真的嗎？

A 假的。毛毛蟲真的腳只有位於前面的6隻，後面的則被稱為腹足、尾足及用來攀在植物上的突起物（原足）。

※啪嗒啪嗒
試著揮動你的手臂。
ばた
ばた
※旋轉
ドタン
你的動作要再慢點啦！
習慣以後操作起來很簡單呢！
我們一起去玩吧。

終極昆蟲發現機Q&A

Q 在南極大陸上也有蝴蝶棲息著。這是真的嗎？

是靜香耶。
蝴蝶、蝴蝶、生得真美麗……
バサバサ
※啪撒啪撒
我要降落了……
呀啊啊！有怪物啊！
是我啦～

A 假的。雖然蝴蝶廣泛分布於地球上，但是在南極大陸、標高六千公尺以上的高山及不毛之地的沙漠等處是沒有蝴蝶的。

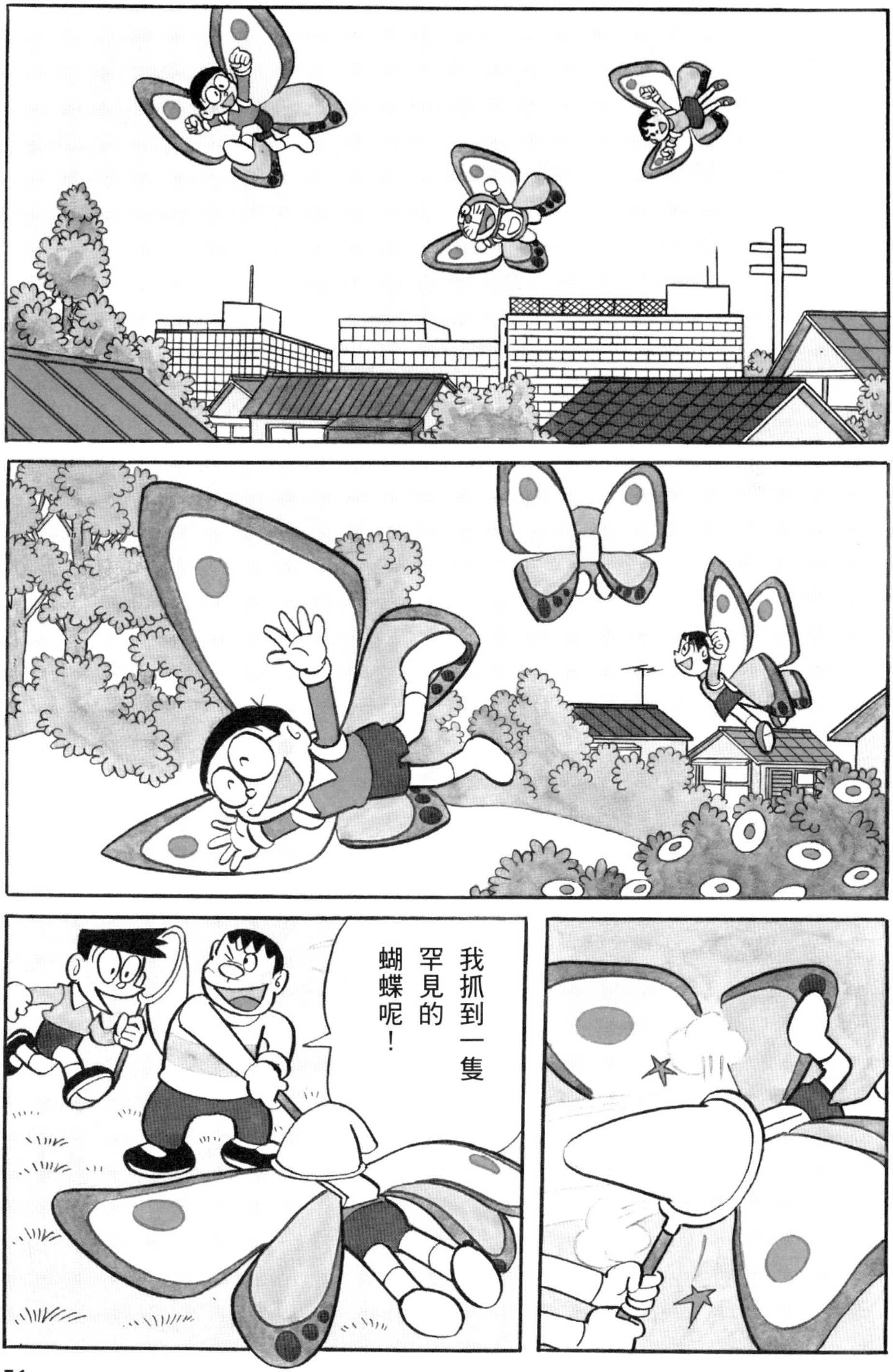
我抓到一隻罕見的蝴蝶呢！

Q 同屬於鱗翅目昆蟲的蝶和蛾，哪一類的種數比較多？①蝶 ②蛾 ③差不多。

※噗

A ②蛾。在日本約有兩百五十種蝴蝶，但已經確認的蛾的種類是蝴蝶的二十倍，大約五千五百種。

蝴蝶是以鮮豔的翅膀花紋來防身？

蝴蝶（黃鳳蝶）的身體構造

Check! 注意

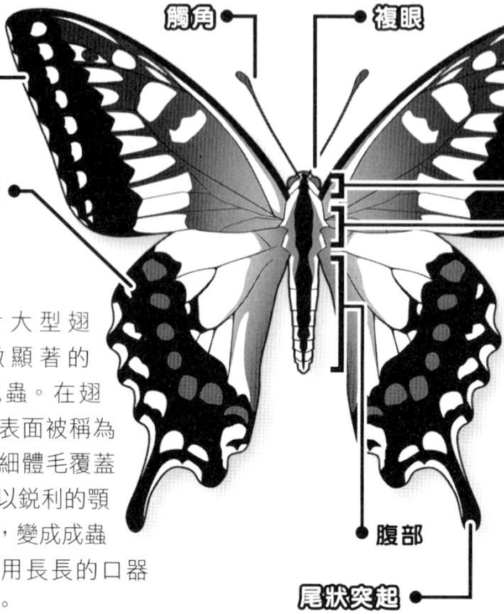

擁有4片大型翅膀，特徵顯著的鱗翅目昆蟲。在翅膀及身體表面被稱為鱗粉的微細體毛覆蓋住。幼蟲以銳利的顎部吃食物，變成成蟲以後，則用長長的口器吸食花蜜。

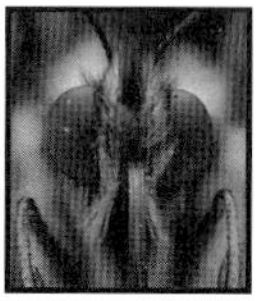

▲蝴蝶的口器是大顎退化後，由小顎的一部分延伸形成。

插圖／加藤貴夫

插圖／加藤貴夫

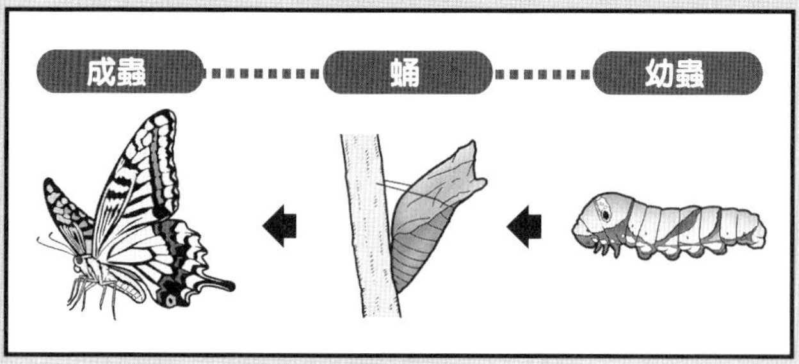

從幼蟲變成成蟲的階段中，在蛹裡面發生了什麼事？

即使是在完全變態的昆蟲之中，蝴蝶幼蟲和成蟲截然不同的外觀也是特別的顯著。在蝴蝶生活史中的蛹期階段，究竟發生了什麼樣的變化呢？

昆蟲的成長，雖然是由荷爾蒙分泌的平衡來控制的，但是只有當蛻皮荷爾蒙這種物質分泌的時候，才會開始蛹化。變成蛹之後，在幼蟲時代使用的內臟和肌肉就會溶解，在被消化之後再吸收，長出成蟲用的器官。

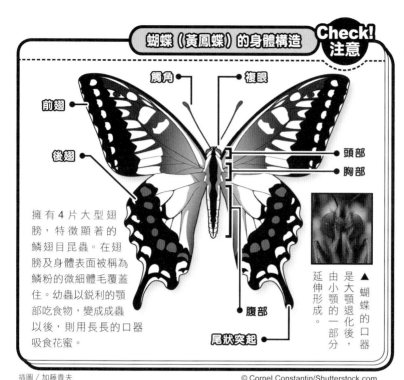

覆蓋在蝴蝶翅膀上的鱗粉有什麼功用？

蝴蝶翅膀上的美麗花紋，是被稱為鱗粉的東西。那是以整齊的規則緊密排列重疊的體毛。這些鱗粉對蝴蝶非常的重要，在體溫調節和排水上扮演了重要的角色。此外，還具有在雄蝶釋放氣味引誘雌蝶到來後，再展示花紋，好進行交配的任務。但是這麼醒目的花紋，不會讓牠們容易被捕食者盯上嗎？其實不會，這些鮮豔的花紋反而讓牠們能夠不受捕食者傷害。例如有毒的蝴蝶能夠以醒目的花紋發出警告，像右圖的孔雀蛺蝶，就是以大型的眼斑花紋來嚇走鳥類。而對於爭奪領域的同種蝴蝶來說，醒目的花紋也是在向對手進行威嚇。

蝴蝶的腳是高性能的味覺感應器

蝶類之中，有些物種不是用口器，而是使用位於腳部前端的毛來感覺味道。大多數的蝶類幼蟲只吃單一種類的植物。要是把卵產在不能吃的葉子上的話，剛孵化的幼蟲就會餓死。於是蝴蝶在產卵前就會停在各種不同的葉子上，以腳上的味覺感應器官來慎重檢查該植物適不適合給自己的孩子吃。

特別專欄

沒有鱗粉的蝴蝶翅膀是透明的！

世界上也有翅膀不具鱗粉的蝴蝶，那就是分布在祕魯的透翅燕尾小灰蛺蝶（*Chorinea faunus*），以及牠們的同類。由於沒有鱗粉，牠們的翅膀是透明的！據說在飛行的時候，會根據受光的角度而讓透明的部分看起來像發藍光一樣。真是很夢幻呢！

其實沒辦法正確的分類蝶和蛾？

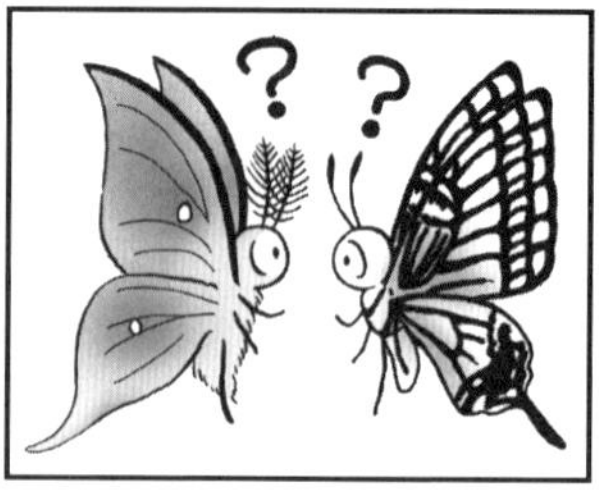

插圖／佐藤諭

蝶和蛾同屬於鱗翅目，被認為是非常相近的物種。不，相近這種說法其實並不正確。因為蝶和蛾只是人類依照形態或生態研究所做的分類，事實上牠們並沒有明確的差別。在此就舉實際的例子來做介紹。

❶ 蝶是日行性、蛾是夜行性？

只要講到蝴蝶，給人的印象就是在白天的花園中優雅的飛舞。蛾類的印象則是成群環繞著夜晚的路燈飛。實際上，被分類為蝴蝶的物種中大部分是在白天活動，蛾類則大多數是夜行性。但是貓頭鷹環蝶或弄蝶有不少會在夜間活動，而蛾類之中也有許多是日行性的呢！

插圖／佐藤諭

❷ 蝴蝶比較漂亮？

在一般人的印象之中，蝴蝶的翅膀很美麗，蛾的翅膀很不起眼。但是像山龍眼螢斑蛾或燕蛾類等，則被認為是翅膀比蝴蝶還要美麗的蛾喔！

❸ 停著的方式不一樣？

大多數的蝴蝶在停著的時候會把翅膀豎起來，蛾類則是張開翅膀停著。不過蛺蝶類中有許多會像蛾類一般張開翅膀停著，所以也不能說是絕對性的不同。

插圖／佐藤諭

❹ 觸角不一樣？

過去認為蝴蝶觸角特徵是前端呈現圓圓的棍棒狀，蛾類則是尖的或櫛齒狀。但弄蝶的觸角前端就是尖的，所以這樣的分類也不成立了。

息怒蜂巢

Q 現在世界上最小的昆蟲是一種蜂類。這是真的嗎？

A

真的。目前有發現一種身體大小在0.2公釐以下、非常小的寄生蜂。

生氣的心情也會像氣球被刺破一樣，馬上就消失。
※嗶
ビ…
※咻
シュウ
※碰
パン
等蜜蜂回來之後，什麼事情都沒了。
真的嗎？
喂喂，你家在這邊。
再拍打一次蜂巢…
ポ
※碰
蜜蜂就會回蜂巢去了。
スポ
※嘶～波
回來啦。
點心準備好了。
哇！沒有挨罵。
只要有了這個，就不會有人對我發脾氣了。
是啊。

終極昆蟲發現機Q&A

Q 世界上有比大虎頭蜂還要大的蜂類存在。這是真的嗎？

A 真的。分布於美洲的蛛蜂體長有6公分。牠們以狼蛛這類毒蜘蛛的幼蟲為食。

你這可惡的小鬼……
※碰咻
※嗶
我很佩服你這麼老實前來道歉。
對那些原本很擔心的事情道歉之後，
啊啊～心情舒暢多了。
絕不原諒你!!
你就原諒他吧，動粗就是頭腦很笨的證明。
可惡!!竟然用這種囂張的口氣跟我說話……
※碰
※嗶
※碰咻
原諒你。
※碰

終極昆蟲發現機Q&A

Q 有蜂類是在地面挖洞，在地下築巢。這是真的嗎？

A 真的。胡蜂、泥蜂、蜜蜂等都是。會在地下築巢的蜂類意外的多。

那是什麼？
拍打一下，鎮定蜜蜂就會跑出來……
喔～好像很有趣！
ポン
※碰
不能隨便讓它跑出來啦。
它會去找正在生氣的人。
你看吧，不知道跑去哪裡了。
快拍打蜂巢!!
不是在那邊嗎？
ポンポンポン
※碰碰碰
好險。
スポ
借我玩。
※嘶～波

只要有這個，
就算對方再怎麼生氣也不必怕了。
你在幹嘛？蜜蜂自己回來了。
回來了!?
那麼，小夫抓到的那隻……
是真的蜜蜂!!
別生氣，別生氣……
ブゥ〜ン

※嗡嗡嗡

日本大虎頭蜂是日本最強的獵人！

大虎頭蜂（蜂后）的身體構造

Check! 注意

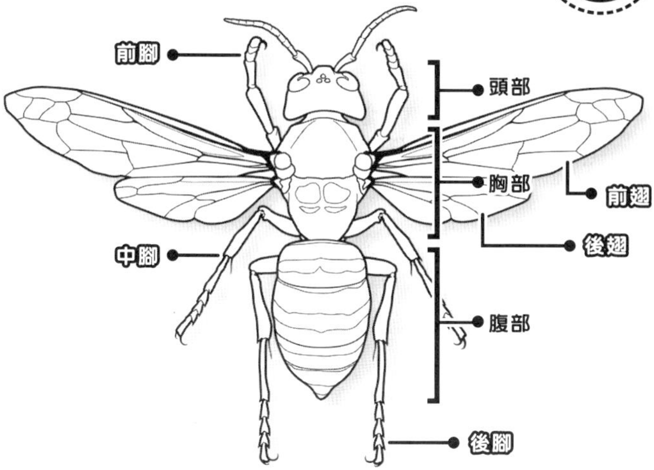

蜂類有 4 片膜狀的翅膀。前翅比後翅發達，前後翅以鉤狀構造相連，合為一體的活動。位於腹部前端的針是由雌蜂的產卵管變化而來，所以雄蜂沒有針。也有些物種是以女王為中心，行高度的社會性生活。

插圖／加藤貴夫

日本有七種危險的虎頭蜂類

日本雖然有四千種以上的蜂類，但即使是跟毒蛇或熊相比，虎頭蜂仍舊是最危險的獵人。人類遭受虎頭蜂危害的數目也壓倒性的多，每年大約有二十人因被虎頭蜂螫傷的意外而死亡。虎頭蜂的毒性是混合了組織胺、神經毒、肽等，會引起發炎或休克症狀物質的危險毒，特別是在被重複螫了很多次之後也會有因「過敏性休克」的過敏症狀而死亡的可能性。

強而有力的顎部是牠們的強力武器，數十隻虎頭蜂就能夠把其他巢的蜂類全部咬殺。

然而，凶猛獵人虎頭蜂的天敵除了有野鳥、熊以外，還有人類。人類會驅除都市中的巢，有些地區還有會吃虎頭蜂幼蟲習慣的人類，對現代的虎頭蜂來說，這可能是最大的天敵呢！

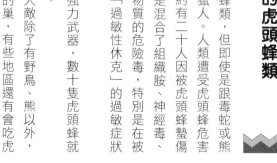

シュウ

既具有甜甜的蜜也帶有危險毒的蜂類

不成群而單獨活動的蜂類

只要提到蜂類，大家就會想像以女王為中心的蜂群，但是實際上單獨活動的蜂種也很多。寄生蜂類的姬蜂、小蜂以及狩蜂的珠蜂、細腰蜂等蜂類都是單獨活動的蜂。鼈甲蜂類則是會捕捉大多數昆蟲的天敵蜘蛛來做為幼蟲的食物。

以植物的蜜或花粉為食的蜂之中，也有單獨生活的物種。其中有一種切葉蜂會把植物的葉子或花瓣圓圓的切下來，塞到植物的莖、竹子裡面或是樹的空隙之間築巢。

© vblinov/Shutterstock.com

◀單獨行動的狩蜂類細腰蜂。

特別專欄

該如何避免被虎頭蜂傷害

最重要的是，不要接近虎頭蜂。虎頭蜂在保護巢的時候特別具有攻擊性。在發現虎頭蜂巢的時候，絕對不要靠近，也不可以出手碰觸或惡作劇。若是在不知情的狀態下接近的話，也不可以很慌張的用手揮來揮去，或是跑著逃走，這樣反而可能會被攻擊。要冷靜、緩慢的離開。

話說回來，虎頭蜂是用費洛蒙這種有氣味的物質溝通。實際上，在人類使用的香水和化妝品等藥妝中，有時候也會使用到成分類似虎頭蜂命令同伴攻擊的物質。所以在要去大自然的時候，最好不要噴香水比較好。此外，虎頭蜂有攻擊偏黑色東西的習性。所以用白帽子遮住黑頭髮、選擇白色或淡色系的服裝會比較安全。

插圖／佐藤諭

人類成功飼育的蜜蜂

在蜜蜂所製造的蜂蜜之中，糖分占了整體的百分之八十，據說是自然界中最甜的蜜。人類為了要獲得甜甜的蜂蜜，於是研究蜜蜂的習性，並開始進行各類型的飼養。

從古代的埃及壁畫看來，一般認為人類是從距今四千六百年前左右就已經開始養蜂了。初期的養蜂是在蜂蜜量達到一定數量時，破壞蜂巢取得蜂蜜，但是每次這樣做，就會失去整群的蜜蜂。

© stefanolunardi/Shutterstock.com

能夠飼養很多世代蜜蜂的現代巢箱（蘭斯特羅特式巢箱），是在距今大約一百五十年前所發明出來的。一個巢箱能夠飼養四萬隻左右的工蜂。現在甚至能夠依照選擇放置巢箱的場所及時期，只收集想要的特定植物的蜂蜜。

特別專欄

宇宙火箭上也有運用到的蜂巢結構

說到蜜蜂的巢，大家都會想到它是由六角形聚集而成的吧！完整排列的六角形，可以在同樣的面積中，沒有間隙的建造出最多的隔間，用最少的材料發揮出更高的強度。這樣的六角形構造被稱為「蜂巢結構」。昆蟲的複眼也是以蜂巢結構構成的。用這樣的結構可以很容易的做出又輕又堅固的零件，所以很常被運用在建築物的材料和宇宙火箭的零件上。

特別專欄

已被解讀的蜜蜂舞蹈

在觀察蜜蜂的巢時，就會發現有些工蜂會邊晃動身體，邊在巢上像是畫 8 字形一樣的不停的來回走動。其實上下的方向和邊晃動身體邊走來走去的方向，與太陽和蜜蜂所在方向之間的角度是一致的。這是蜜蜂的聯絡手段。奧地利的卡爾・馮・弗里希博士解讀出這種蜜蜂舞蹈，還因此獲頒諾貝爾獎。

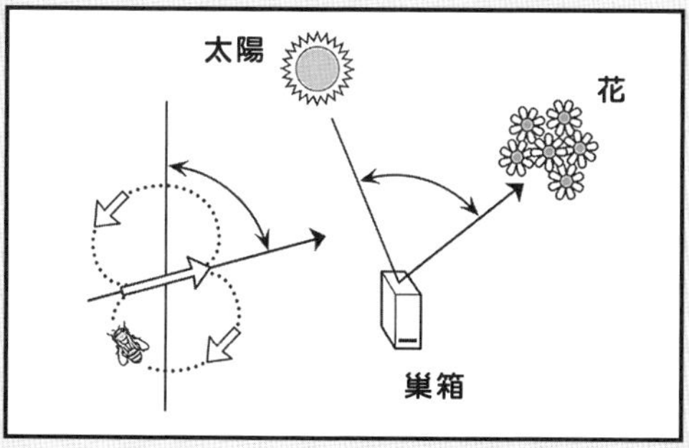

插圖／加藤貴夫

飛蟻的行蹤

又在偷懶！
作業還沒寫吧？
你聽過螞蟻與蟋蟀的故事嗎？
你再這樣懶惰下去……
應該要學習螞蟻努力……
別踩到牠了。
這裡有一隻飛蟻。
牠在這裡遊晃一個小時了。
在做什麼啊？
牠在傷腦筋飛到這裡來了吧？
放回外面的土地上。
我要觀察牠接下來要做什麼。

Q 在蟻類之中，也有具毒針會螫人的種類。這是真的嗎？

「影像播放鏡」。
只要對著目標按下按鈕，之後不論牠到了哪裡，都會繼續播放影像。
隨時隨地都可以觀察牠的狀態。
我現在要看。
在吃飯之前把作業寫完！
趕快寫完我就可以看鏡子了。
總算做完了。
已經九點了，快來吃飯。
我吃飽了。
時間很晚了，趕快去睡覺。
趕快起床上學，該去上學啦。

A

真的。大部分的蟻類身上都有針，而針蟻和家蟻類則有尖銳的毒針。

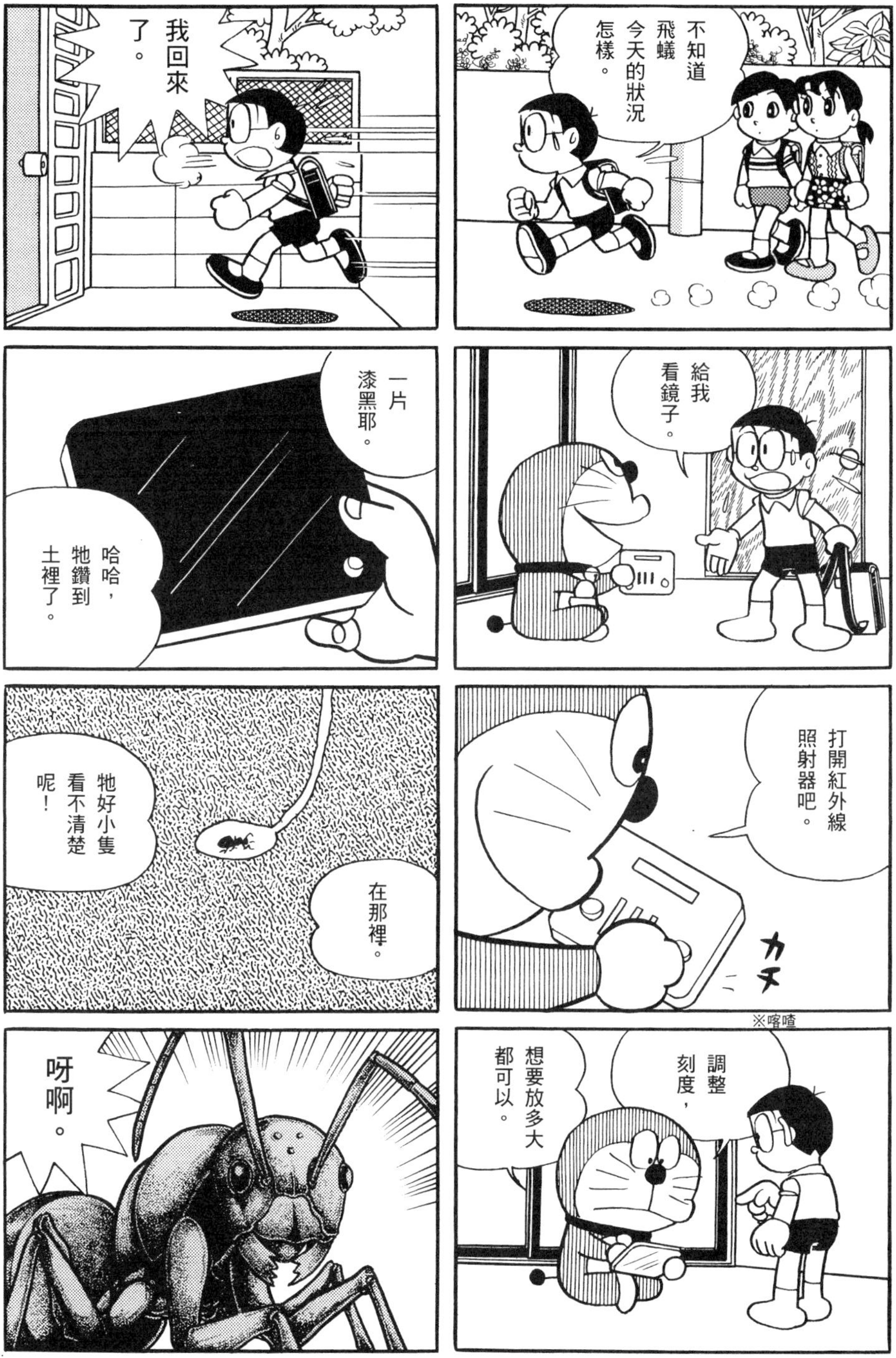

不知道飛蟻今天的狀況怎樣。
我回來了。
給我看鏡子。
一片漆黑耶。
哈哈，牠鑽到土裡了。
打開紅外線照射器吧。
カチ
※喀喳
在那裡。
牠好小隻看不清楚呢！
調整刻度，
想要放多大都可以。
呀啊。

終極昆蟲發現機Q&A

Q 在蟻類之中，也有沒有蟻后的種類。這是真的嗎？

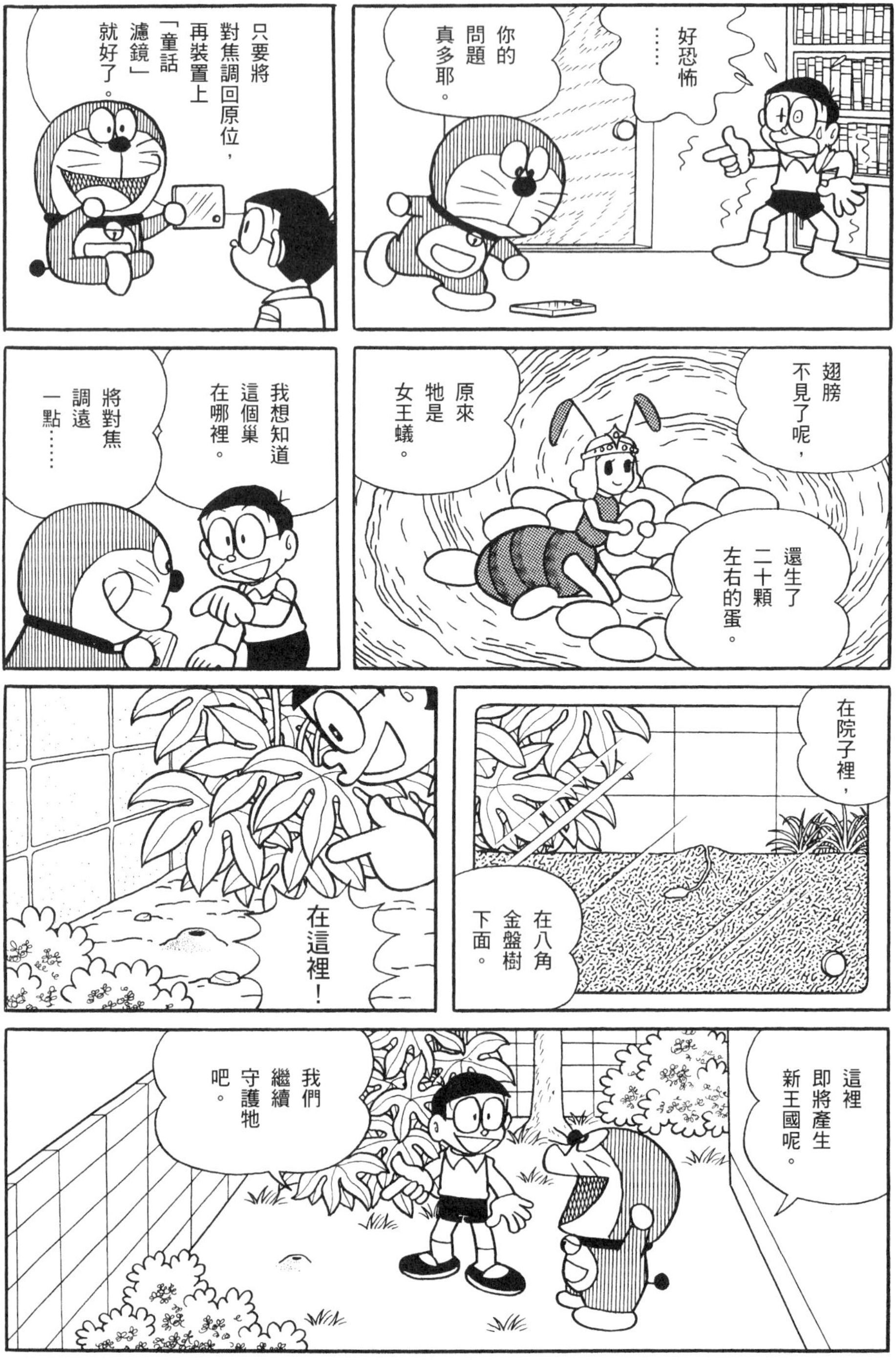

好恐怖……
你的問題真多耶。
只要將對焦調回原位，再裝置上「童話濾鏡」就好了。
翅膀不見了呢，
還生了二十顆左右的蛋。
原來牠是女王蟻。
我想知道這個巢在哪裡。
將對焦調遠一點……
在院子裡，
在八角金盤樹下面。
在這裡！
這裡即將產生新王國呢。
我們繼續守護牠吧。

A

真的。堅硬雙針蟻是只靠工蟻就能繁殖的螞蟻，牠們是沒有蟻后的螞蟻。

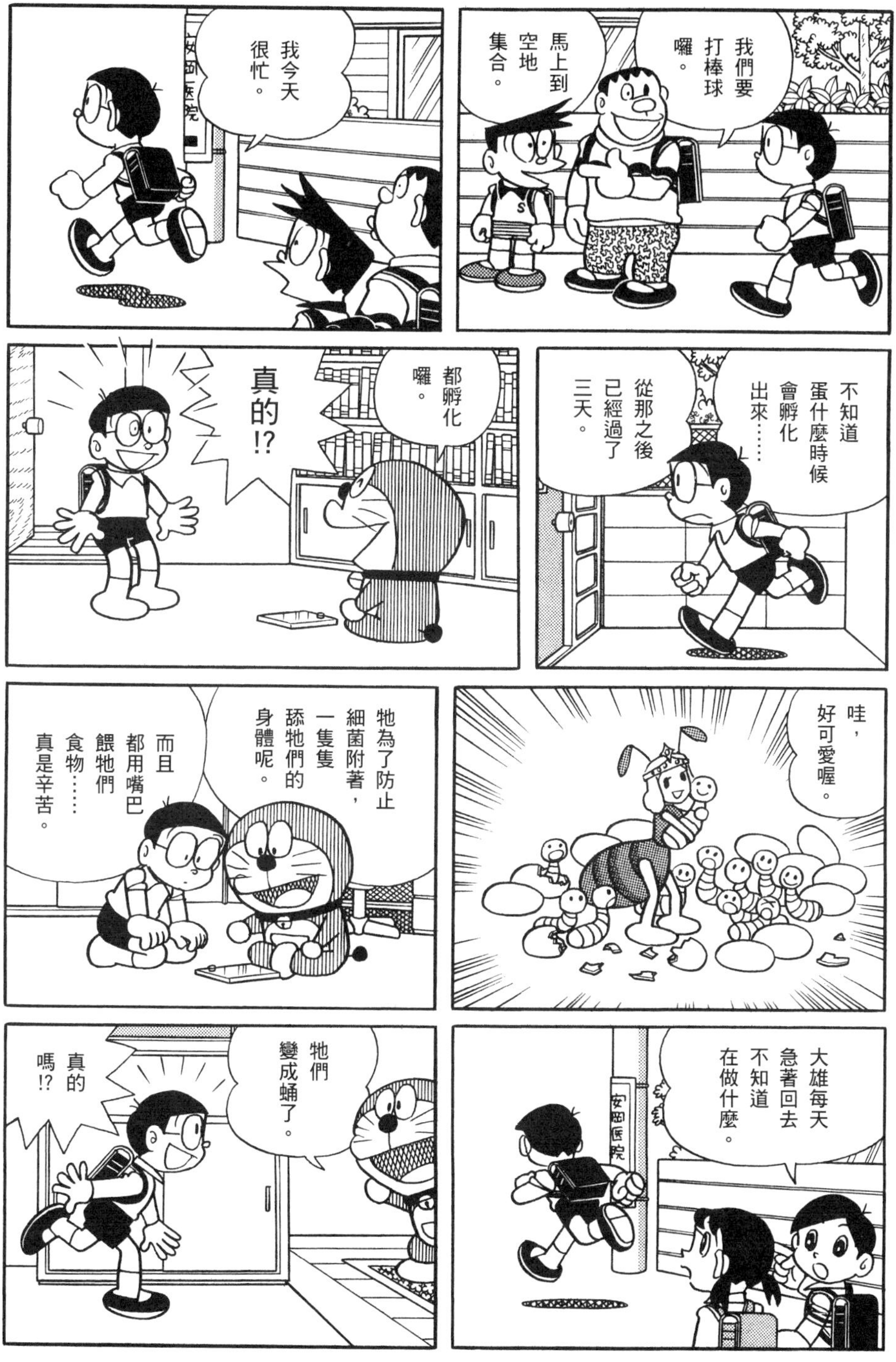

我們要打棒球囉。
馬上到空地集合。
我今天很忙。
安田医院
不知道蛋什麼時候會孵化出來……
從那之後已經過了三天。
都孵化囉。
真的!?
哇，好可愛喔。
牠為了防止細菌附著，一隻隻舔牠們的身體呢。
而且都用嘴巴餵牠們食物……真是辛苦。
大雄每天急著回去不知道在做什麼。
安田医院
牠們變成蛹了。
真的嗎!?

終極昆蟲發現機Q&A

Q 有種治療法是使用螞蟻來醫治傷口。這是真的嗎？

A

真的。古代有讓螞蟻咬住傷口，讓傷口闔住不會裂開的治療法。

喔，努力的在工作啊。
你們辛苦了。
※啪啦啪啦
パラ
パラ
播放鏡給我看。
作業呢？
有啊。
待會再寫。
啊，牠們發現蛋糕了。
正開心的搬運著。
這塊太大了嗎？
抱歉。
我去把蛋糕弄小點。
大雄最近很奇怪呢。
每天都會盯著鏡子……

終極昆蟲發現機Q&A

Q 有些人會把螞蟻當點心吃。這是真的嗎？

A 真的。像東南亞、澳洲、南美等，在世界各地有許多地區有吃螞蟻的習俗。

你們想看螞蟻王國嗎？歡迎。
為了讓大家能夠看清楚，用26吋的播放鏡來看吧。
這是大黑蟻的巢穴。
只要按下按鈕，就可以隨意觀察任何一隻螞蟻的行動喔。
看看那隻螞蟻想往哪去吧！

Q

所有的螞蟻都很勤奮工作，沒有會偷懶的。這是真的嗎？

A 假的。雖然螞蟻給人的印象是工作勤奮，但是在整巢的螞蟻之中，大約有兩成的螞蟻會偷懶。

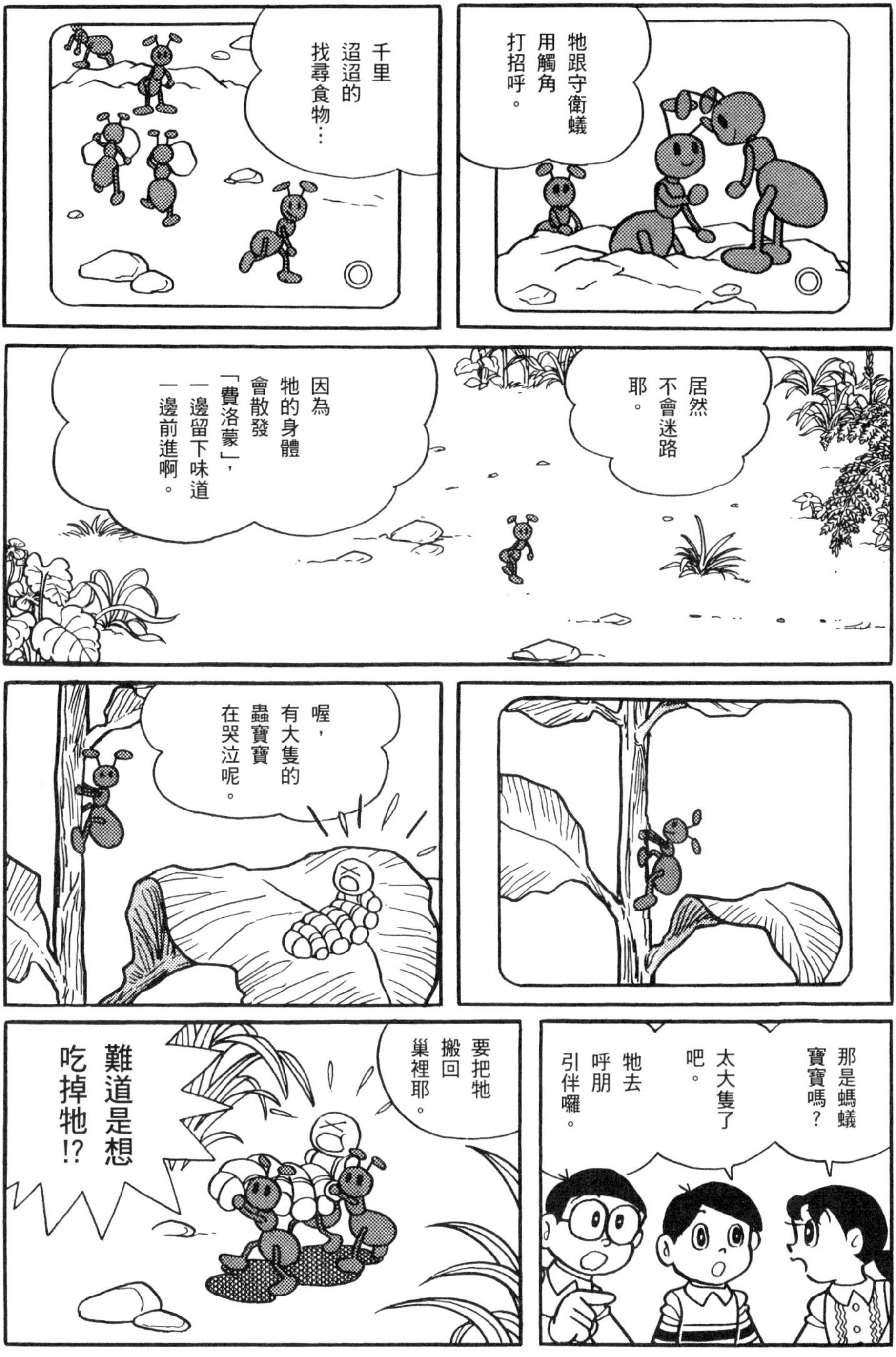

牠跟守衛蟻用觸角打招呼。
千里迢迢的找尋食物…
居然不會迷路耶。
因為牠的身體會散發「費洛蒙」，一邊留下味道一邊前進啊。
喔，有大隻的蟲寶寶在哭泣呢。
那是螞蟻寶寶嗎？
太大隻了吧。
牠去呼朋引伴囉。
要把牠搬回巢裡耶。
難道是想吃掉牠!?

Q 所有的螞蟻都是適應地底生活的生物，所以不會游泳。這是真的嗎？

A 假的。分布於澳洲的海棘蟻能夠自由的在海上游泳，還會在海底築巢呢！

チョイ チョイ
※戳戳
來，請進。
簡直就像迷宮一樣。
蟲寶寶會在哪裡呢？
蟻蛋的房間。
這裡在工事中。
你們在幹嘛？
沒事…
牠在看我們耶。
牠們起疑了嗎？

從今天起，這裡就是你的房間喔。
吧噗吧噗。
乖乖，肚子餓了是嗎？
牠們好像在照顧牠耶。
我想起來了。
我在書上看過，
那是黑灰蝶的幼蟲。
牠讓大黑蟻飲用甜美的體液，作為扶養幼蟲的報酬。
成為蝴蝶後，就會飛到外面的世界了。
那就不需要擔心囉。
咦……
回去的路是哪一條？

Q 在地下生活的蟻類中，也有能夠像螢火蟲那樣發光的種類。這是真的嗎？

A 假的。由於蟻類的視力並不佳，所以沒辦法以光來做展示。

就是他們，一直走來走去行跡很可疑。
不好了，快逃!!
哎呀，歡迎光臨。
我的恩人。
妳記得我嗎？
當然。
多虧了你，我才能建立如此雄偉的王國。
這該不會是毛毛蟲做的丸子吧？
請放心。
這是用橡果蜂蜜做成的蛋糕。

要努力建立更大的王國喔。
好好玩喔。
不管怎麼看都看不膩耶。
※蟬鳴聲
ミーン
ミーン
ミーン
ミーン
他總算看膩了。
做事三分鐘熱度的大雄，居然會對一件事這麼熱衷真是不可思議。
什麼不可思議？
沒事。

終極昆蟲發現機Q&A

Q 工蟻的壽命有多久？①1星期以上 ②1個月以上 ③1年以上

A ③1年以上。雖然是因種而異，不過工蟻的壽命大概是1至2年。蟻后則可以活將近10年。

王子跟公主誕生了。
接下來牠們會為了建立新王國而踏上旅程。
那幾個小不點嗎？
大家都長大了啊，而且開始各自養育自己的子孫……
你也是一樣喔，
人不可能一輩子都不長大的。
你可要振作點!!
來寫作業好了。

以小小身軀經營複雜社會生活的蟻類

Check! 注意

螞蟻（日本弓背蟻蟻后）的身體構造

具有大型的觸角與發達的大顎，在腹部上部有被稱為腹柄的體節，這些都是適應了地底生活的螞蟻的特徵。在蟻類中也有具有以「蟻酸」為代表毒的物種，或是在腹部前端具有由產卵管變化而成的針的種類。而無論是哪一種，牠們全都是行社會生活。

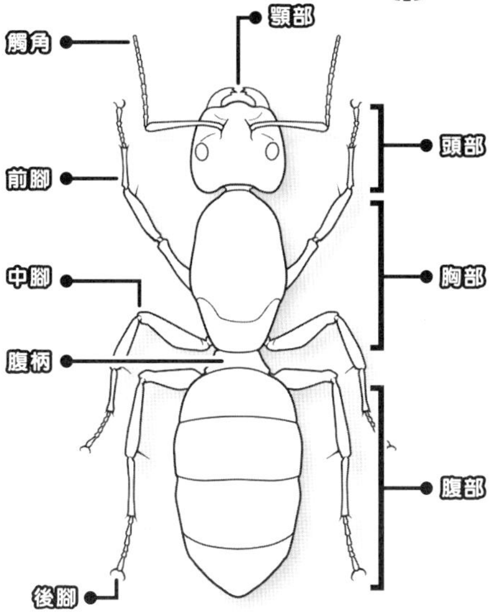

插圖／加藤貴夫

蟻和蜂真的是同類的昆蟲嗎？

一般認為蟻類已經出現了一億年以上。科學家們從被禁錮在各個不同年代的琥珀中的化石，對牠們做了形態及演化的研究。現在包含遺傳研究的結果在內，都認為蟻和蜂是同屬於膜翅目的昆蟲，再演化成在地面上具有社會性的蜂類，以及適應了在地底生活的蟻類。

在日本雖然有四千種以上的蜂類以及兩百五十種以上的蟻類，但是能夠以蟻后為中心而構築龐大族群的蟻類，在個體數上是一大勢力。

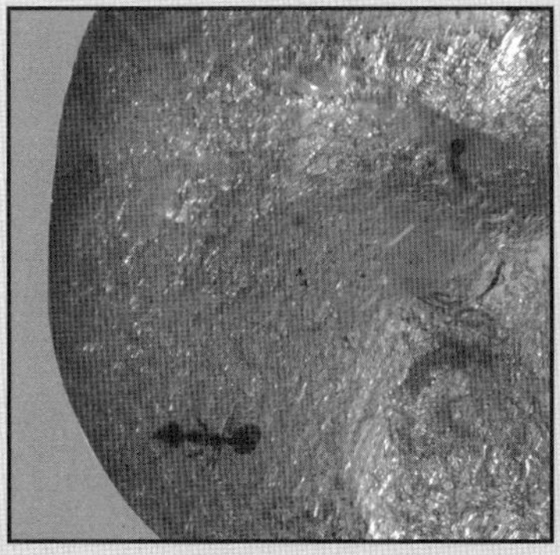

▲被封存在琥珀中的螞蟻化石。

© Ansis Klucis/Shutterstock.com

有同伴也有敵人，螞蟻的社會真辛苦

根據角色的不同，身體也不同 螞蟻的社會階級制度

在蟻類之中，有以蟻后為中心而區分的階級制度。

蟻后扮演的角色是繁衍子孫。雖然因種而異，但是一隻蟻后在一生之中可以產下十萬個以上的卵。擔任蟻后的配偶留下子孫的是雄蟻。工蟻以及大型的兵蟻全都是雌蟻。雖然牠們不像蟻后那樣具有繁衍子孫的能力，不過牠們卻會照顧巢裡的卵和幼蟲，或是搬運食物幫整個蟻群的忙。像這樣具有角色分工的，稱為真社會性。

蟻后

雄蟻

工蟻

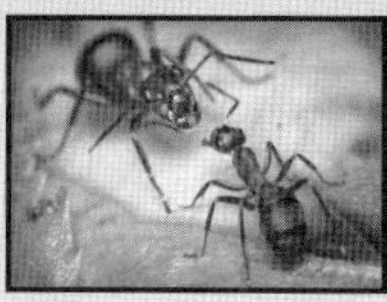
兵蟻

很勤奮也很有力 螞蟻的傑出身體能力

螞蟻能夠用大顎夾著自己體重五倍以上的重物，並把它抬起來。假如是以拖行的方式搬運，還有過搬動比體重要重二十五倍以上重物的紀錄。由於生物是體型越小，越能夠發揮相對於體重的強力。雖然無法單純的做比較，但如果以人類做比喻的話，就是相當於體重四十公斤的小學生能夠舉起兩百公斤，拖動一公噸重物般的強壯。

特別專欄

螞蟻的行列是這樣形成的

螞蟻適應了在黑暗地裡的生活，所以視力並不好，取而代之的是具有能夠感覺氣味的發達觸角。只要找到獵物，就會一邊留下費洛蒙這種氣味物質，一邊回到自己的巢裡去。牠們就是用這種氣味引導同伴製造出行進的行列。

雖然費洛蒙是很優秀的機制，但是假如因為某種偶然，而讓路線圍成一個圓的話，牠們也有可能會一直在同一個場所裡繞個不停。

在地下廣布的蟻窩是巨大的公寓

螞蟻的巢，依據種類的不同，築巢的場所多種且多樣。像是會在地下築巢的物種中，就有會在地下數十公分構築既淺又廣的巢的物種，也有挖掘到地下幾公尺深的地方築巢的物種。喜歡朽木類的螞蟻，會順著年輪挖掘柔軟的部分前進築巢。不論是什麼樣的巢，都是由工蟻一點一點的挖掘拓展而成。在巢裡面有育兒室和食物貯藏室等隔間，並以通道將許多個蟻室連接在一起。

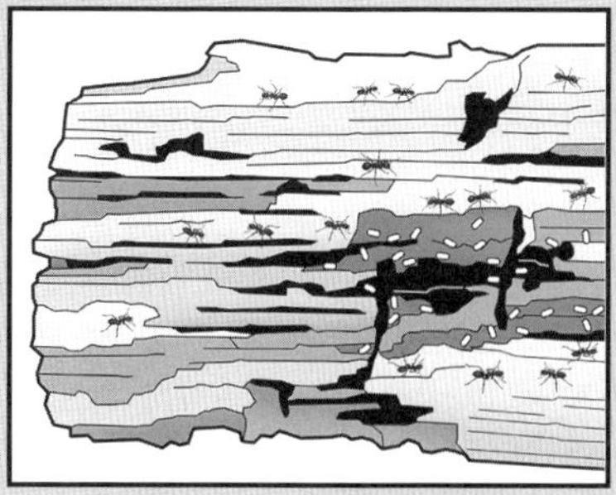
▲蓋在朽木裡的蟻窩。

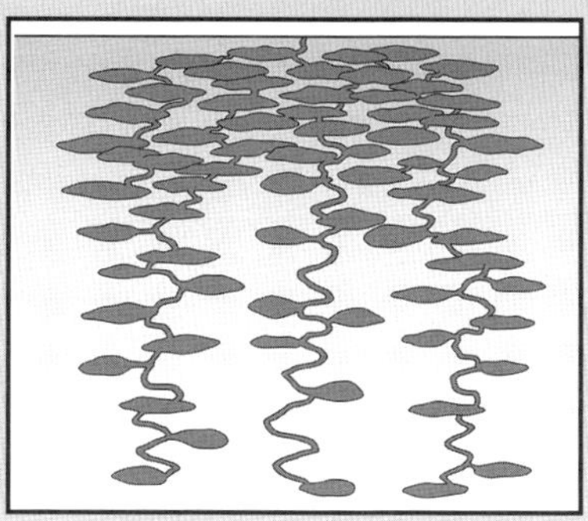
▲在地下廣闊分布的蟻窩構築法。

插圖／加藤貴夫

和其他昆蟲協力合作螞蟻生活的不可思議

在經營發達社會性生活的蟻類之中，也有些物種會和其他昆蟲產生密切關係。像是從蚜蟲或是角蟬類獲取養分，但也幫牠們趕走瓢蟲等天敵，或是像漫畫中提到的黑小灰蝶幼蟲那樣在蟻窩中獲得食物，但也產蜜給螞蟻吃。這些是對彼此有好處的互利共生關係。可是其中卻也有像胡麻霾灰蝶（*Maculinea teleius*）或嘎霾灰蝶（*Maculinea arionides*）等小灰蝶類的幼蟲，會以甜甜的蜜去引誘家蟻類，讓牠們把自己搬回巢裡去，然後從草食變成吃螞蟻幼蟲的肉食性昆蟲。這類會利用螞蟻習性的物種還真是可怕呢！

▲驅趕瓢蟲的螞蟻群們。

螞蟻世界的大戰爭

即使從人類的眼中看起來同樣是螞蟻，但是不同巢的同種螞蟻，或是不同種的螞蟻在碰面的時候也滿常會打起來。雖然在螞蟻的表面被稱為碳化氫的蠟狀物質覆蓋住，但是這種成分會因螞蟻的種類或是巢而稍微有些不同。蟻類會經由用觸角碰觸對方，再由蠟的成分來分辨敵我。

螞蟻中也有非常積極戰鬥的螞蟻。為了戰鬥而讓大顎特化得很長很發達的武士蟻的工蟻，不會自己築巢也不會照顧幼蟲，而是以超過數百隻的大群組成部隊去襲擊日本山蟻，掠奪幼蟲或蛹再搬回巢裡。牠們會讓掠奪來的日本山蟻幼蟲或蛹在長大之後，在武士蟻的巢裡工作。像這樣的掠奪稱為「獵取奴隸」。

假如你在盛夏的炎熱午後，看到黑黑的螞蟻搬運著許多白色繭的時候，那可能就是獵取奴隸回來的武士蟻喔！

在掠奪的螞蟻之中，也有交配完的新蟻后單獨侵入其他螞蟻的巢，占據那個巢的種類。看來螞蟻世界的戰鬥還真是相當可怕呢！

插圖／佐藤諭

特別專欄

阿根廷蟻的侵略

這是原產於南美的外來種，於 1993 年初次在日本被確認。雖然牠們是體長只有 2.5 公釐左右的小型螞蟻，但是攻擊性高，繁殖力也很強，會不停侵略在地的固有種螞蟻，而讓原生種螞蟻滅絕。在原本的環境中，雖然不同巢的阿根廷蟻彼此也會戰鬥，不過由於在侵略區的這些螞蟻是從一個巢分出來的，所以不會互相爭鬥。根據最新研究，從北美、歐洲到亞洲廣大地區為數龐大的阿根廷蟻，應該都是屬於同一個超大族群呢！

▲ 阿根廷蟻雖然很小，卻是超強的侵略者。

© Vladimir Wrangel/Shutterstock.com

誘餌箱

Q 世界最小的甲蟲體型小於1公釐。這是真的嗎？

媽媽，
買給我啦。
不行！
說了不行就是不行！
我的零用錢也買不起……
我想要遙控戰車啦。
不要老是想用錢買，你就自己動手做嘛！
怎麼可能做得出來嘛。
這是我做的喔！
哇~做得真棒。
什麼嘛，是紙做的戰車啊。
カサ
コソ
哇啊，動了！

※喀喳轟隆

揭曉謎底～
前進吧。
我也來做吧。
我要做一堆交通工具，然後讓它們賽跑。
做好了。
拿出獨角仙來吧。
我才沒有獨角仙。
我好不容易才做好的！
「誘餌箱」。
只要把生物放進這裡，牠的同伴就會聚集過來喔！

A 真的。櫻毛蕈蟲科的芥子櫻毛蕈蟲（*Acrotrichis sericans*），體長只有0.5公釐。

終極昆蟲發現機Q&A

Q 在金龜子之中，有名符其實真的是金黃色的物種。這是真的嗎？

A 真的。雖然顏色有個體差異，但是分布於中南美的輝金龜類（*Plusiotis spp*）真的有金黃色的個體喔！

跑來這麼多隻。
我抓到很多隻喔，來我家一起玩吧。
我們玩得很開心了，差不多該把獨角仙放生了吧。
嗯。
你們辛苦了。
玩自己做出來的玩具很快樂吧？
是很快樂，但我還是想要真的遙控戰車。
對了！
只要用這個讓錢把錢帶來就好啦。

Q 世界最大的甲蟲有1公尺大。這是真的嗎？

A 假的。世界最大的甲蟲是分布於南美的泰坦薄翅大天牛，體長大約為20公分。

別做夢了，一定要生物才行。
是這樣嗎……
可是我還是想試試看。
借我一萬圓，我馬上就會還妳。
玄關變得好熱鬧喔，看來是錢聚集過來了。
不會吧。
竟然是長得很像聖德太子的人跑來了！
10000

獨角仙（雄性）的身體構造

Check! 注意

甲蟲類在昆蟲之中具有最堅固的身體，以稱為鞘翅的堅硬前翅來保護用來飛行既薄又大的後翅及腹部。

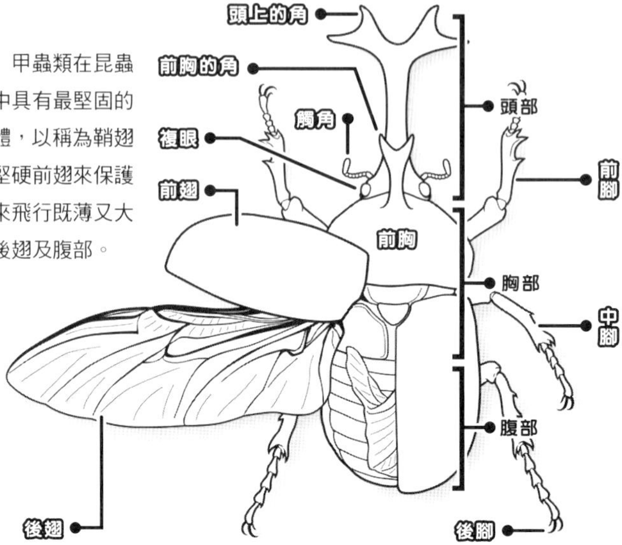

插圖／加藤貴夫

不論人氣或種類都首屈一指——甲蟲類

具有大型角為特徵的獨角仙體長能夠長到五十五公釐，再加上角的長度就會超過八十公釐，體型非常大，被稱為「昆蟲王者」，是屬於金龜子科的日本最大型甲蟲類。在具有大型顎部的鍬形蟲類中（像大型的扁鍬形蟲等），也有包括顎部在內體長可達八十公釐的種類。甲蟲應該也是大家最喜歡的昆蟲吧！

以地球整體來看，像甲蟲類這般成功繁榮的物種別無其他。整個地球到目前為止被發現並且有被命名的動物大約有一百五十

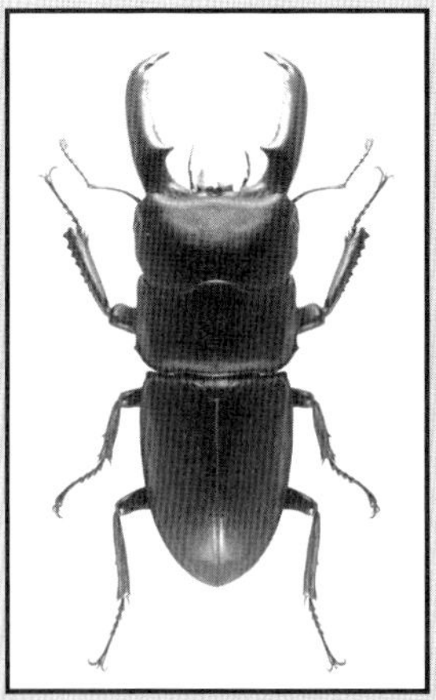

▲具有大型顎部的扁鍬形蟲。

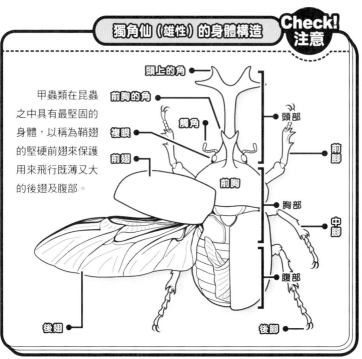

萬種，而其中居然大約有三十七萬種，相當於四分之一是由甲蟲占據的。甲蟲在大小、顏色、形狀、食物、棲息場所等各種特徵上的多樣性，支撐了甲蟲類的繁榮。在日本也有大約一萬種的甲蟲類棲息著呢！

具有美麗外表——吉丁蟲類

▲由於具有構造色的昆蟲，其鞘翅上美麗的顏色並不會褪色，所以也被使用在美術品上。

在研究吉丁蟲體表時，發現其製造外骨骼的表皮角質層是由十八層的薄膜重疊在一起，並且只會強烈反射特定的光。像這樣不是由色素所形成的顏色，稱為「構造色」。

雖然色彩美麗的昆蟲有很多，但是具有構造色的昆蟲，其身體顏色在死亡後也會半永久性的保持原樣，這是牠們的特徵。

獰猛的肉食甲蟲——步行蟲

大多數的步行蟲具有細長且扁平的身體，棲息在石頭或落葉的下方。雖然牠們的後翅退化變得不能飛，但取而代之的是牠們能夠活潑的在地面上走來走去，捕捉蚯蚓、昆蟲或是其他蟲子來吃，是非常獰猛的甲蟲。

由於不能飛的步行蟲類沒辦法在廣闊的範圍裡移動，所以牠們依據地區的不同，在顏色和形狀上會有很大的差距，這也是步行蟲類的一個特徵。

特別專欄

蟑螂，並不是甲蟲

具有扁平的身體並帶有光澤的蟑螂，在乍看之下很像是甲蟲。但是在仔細觀察之後，會發現蟑螂的前翅並不是堅硬的鞘翅，光澤也是來自像油般的物質。實際上，蟑螂跟螳螂等的親緣比較接近，並不屬於甲蟲。

會發光、潛水，長度很長又多彩的同類

以光溝通的螢火蟲類

在日本有四十種以上的螢火蟲，雖然牠們因為是判斷自然環境是否豐富的基準而受到注目，但其實牠們最大的特徵是有會發光的物種。

位於螢火蟲腹部的發光器中，含有發光物質螢光素及螢光酵素這種酵素。當螢火蟲呼吸把氧氣攝入體內，螢光素就會在螢光酵素的幫助下和氧氣起反應而發光。

插圖／佐藤諭

一般認為螢火蟲的成蟲之所以會發光，是為了要留下子孫。雄蟲會以一定的頻率，一邊閃爍一邊飛行，對雌蟲傳送訊息。雌蟲雖然不太動，卻會以發光吸引雄蟲前來交配產卵，留下子孫。另外，雖然幾乎所有螢火蟲的幼蟲都會發光，但是其中也有些物種到了成蟲時期就不會發光。提到螢火蟲，一般人的印象多半認為牠們是夜行性的，而日行性的螢火蟲幾乎都不會發光。一般認為卵和幼蟲之所以會發光，是為了驚嚇外敵保護自己，不過關於螢火蟲的生態，還有許多部分尚未解明。

特別專欄

螢火蟲的光比 LED 的效率高

從前認為因化學反應而發光的螢火蟲的發光效率，因為不會發熱，所以應該超過 80%，不過根據現代的研究已經知道，真實的數據大約是 41%。即使是和深海生物做比較，也仍然是效率很高的發光能力。若是和家庭用的照明做比較，白熾燈泡的發光效率低於 10%，幾乎所有的能量都被轉換成熱。螢光燈的效率約為 25%，LED 照明也只在 30% 左右。雖然在實驗階段中還不斷開發出更高效率的 LED，但目前還沒能趕上螢火蟲的發光效率。

具有長觸角的天牛類

日本大約有八百種的天牛，具有細長身體的天牛類，牠們的最大特徵，就是擁有非常發達的觸角。日本最大型的白條天牛的觸角大約為體長的一點五倍，而巨墨天牛（*Monochamus grandis*）的觸角則長達將近體長的三倍！一般認為天牛的觸角之所以如此長，是對尋找對象很有幫助所致。雖然大部分的天牛是草食性的，但由於牠們會啃食樹木，所以有發達的顎部也是特徵之一。

在樹木裡面成長的大型天牛幼蟲，在羽化成為成蟲來到外面世界的時候，會在樹上留下像是樹木被槍射擊過的大洞，所以從前又被稱為「鐵砲蟲」。

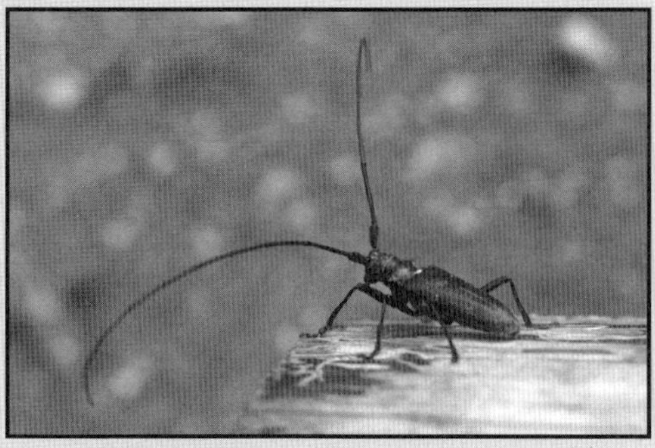

▲ 觸角很發達的松褐天牛。

適應水中生活的龍蝨

在甲蟲之中，也有一些是棲息在水中的。龍蝨類除了蛹期以外，幾乎一輩子都在水中度過。由於牠們是把屁股伸出水面，把空氣儲存在背部和前翅之間再潛入水中，所以在水中也能夠做一定程度的呼吸。後腳被微細的毛包覆住，變得很像蹼，讓牠們能夠在水中自由自在的游泳。不論是幼蟲或成蟲，都是以吃蝌蚪、小魚以及其他水生昆蟲維生。

▼ 龍蝨是具代表性的水生昆蟲。

▼ 被細毛包覆住的龍蝨後腳，在水中能夠產生強力的推進力。

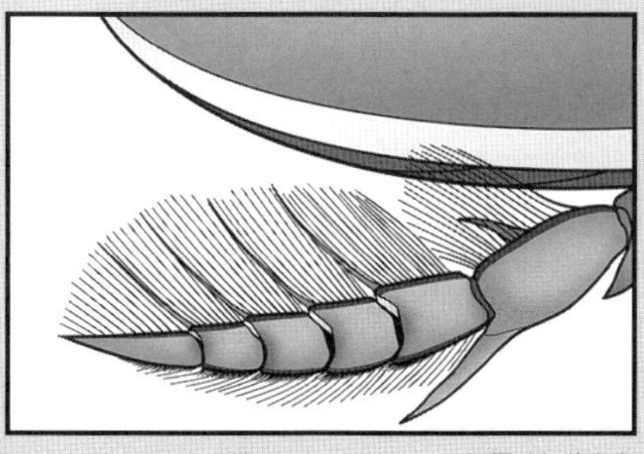

插圖／加藤貴夫

生物飼育觀察書

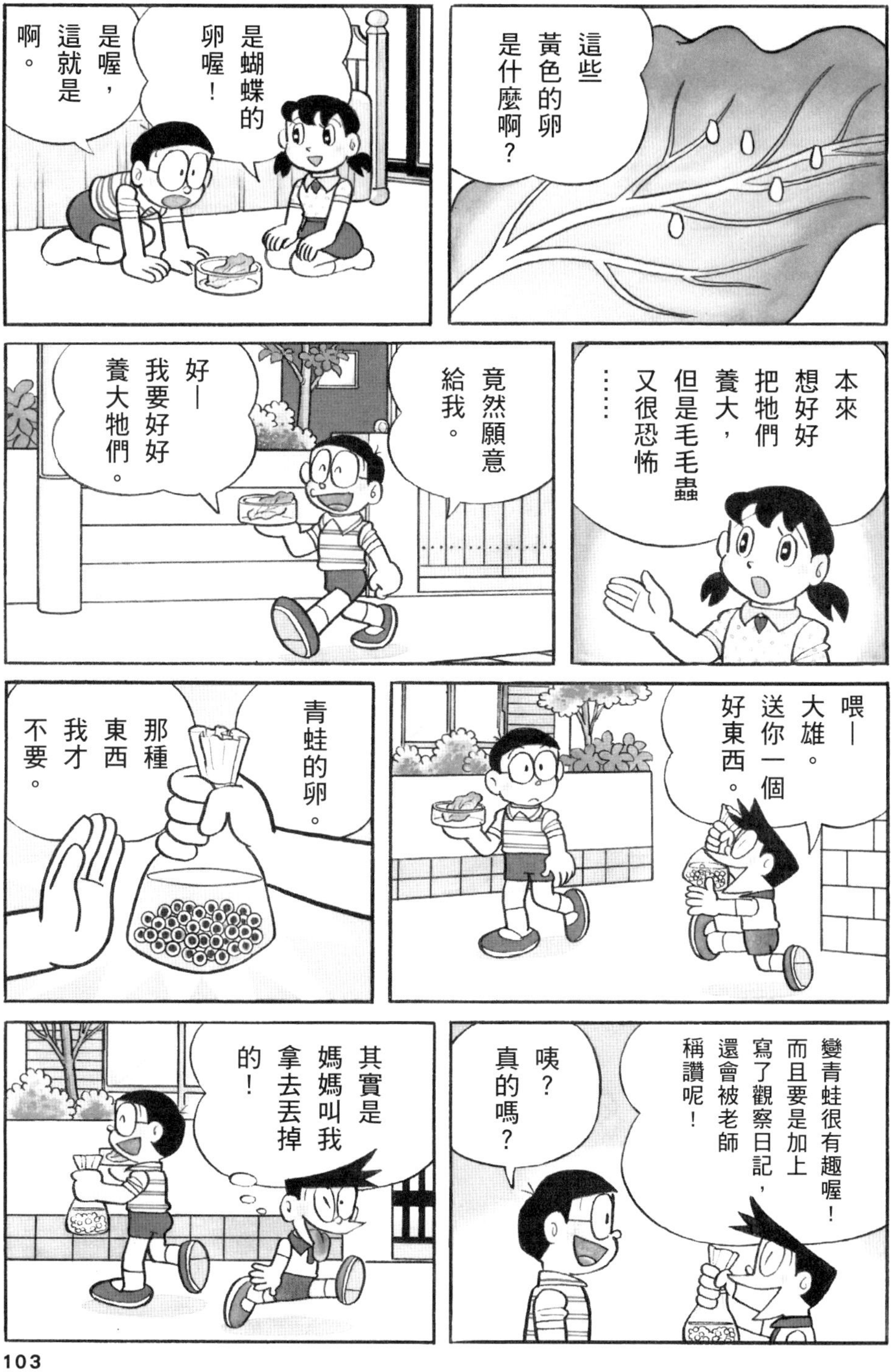
這些黃色的卵是什麼啊？
是蝴蝶的卵喔！
是喔，這就是啊。
本來想好好把牠們養大，但是毛毛蟲又很恐怖……
竟然願意給我。
好—我要好好養大牠們。
喂—大雄。送你一個好東西。
青蛙的卵。
那種東西我才不要。
變青蛙很有趣喔！
而且要是加上寫了觀察日記，還會被老師稱讚呢！
咦？真的嗎？
其實是媽媽叫我拿去丟掉的！

Q 有真菌住在蟬的身體之中。這是真的嗎？

大雄，送你一個好東西。
是蟬的幼蟲喔！
雖然花了很多力氣才抓回來，卻要花好幾年等它變成蟬。
我才不要。
謝謝你。
那些是什麼？
蝴蝶跟青蛙還有蟬……
不能養在家裡。
你怎麼可能飼養得了生物呢！
房間也會被弄髒，全部拿去丟掉。
現在拿去丟掉，牠們都會死掉的。

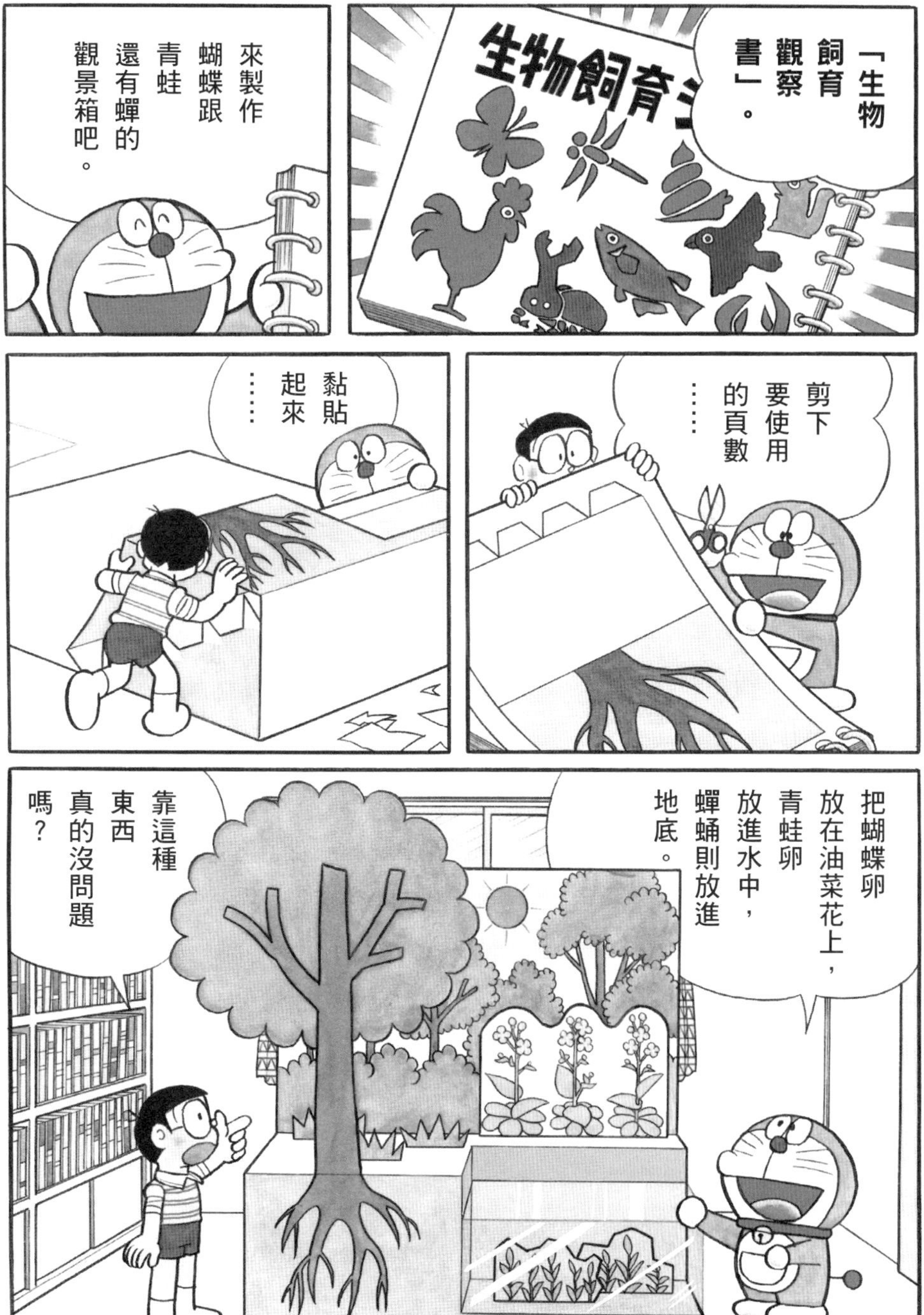
「生物飼育觀察書」。
生物飼育
來製作蝴蝶跟青蛙還有蟬的觀景箱吧。
剪下要使用的頁數……
黏貼起來……
把蝴蝶卵放在油菜花上，青蛙卵放進水中，蟬蛹則放進地底。
靠這種東西真的沒問題嗎？

A

真的。被稱為冬蟲夏草的真菌有時會寄生在蟬的身上。而這種真菌也被拿來入藥。

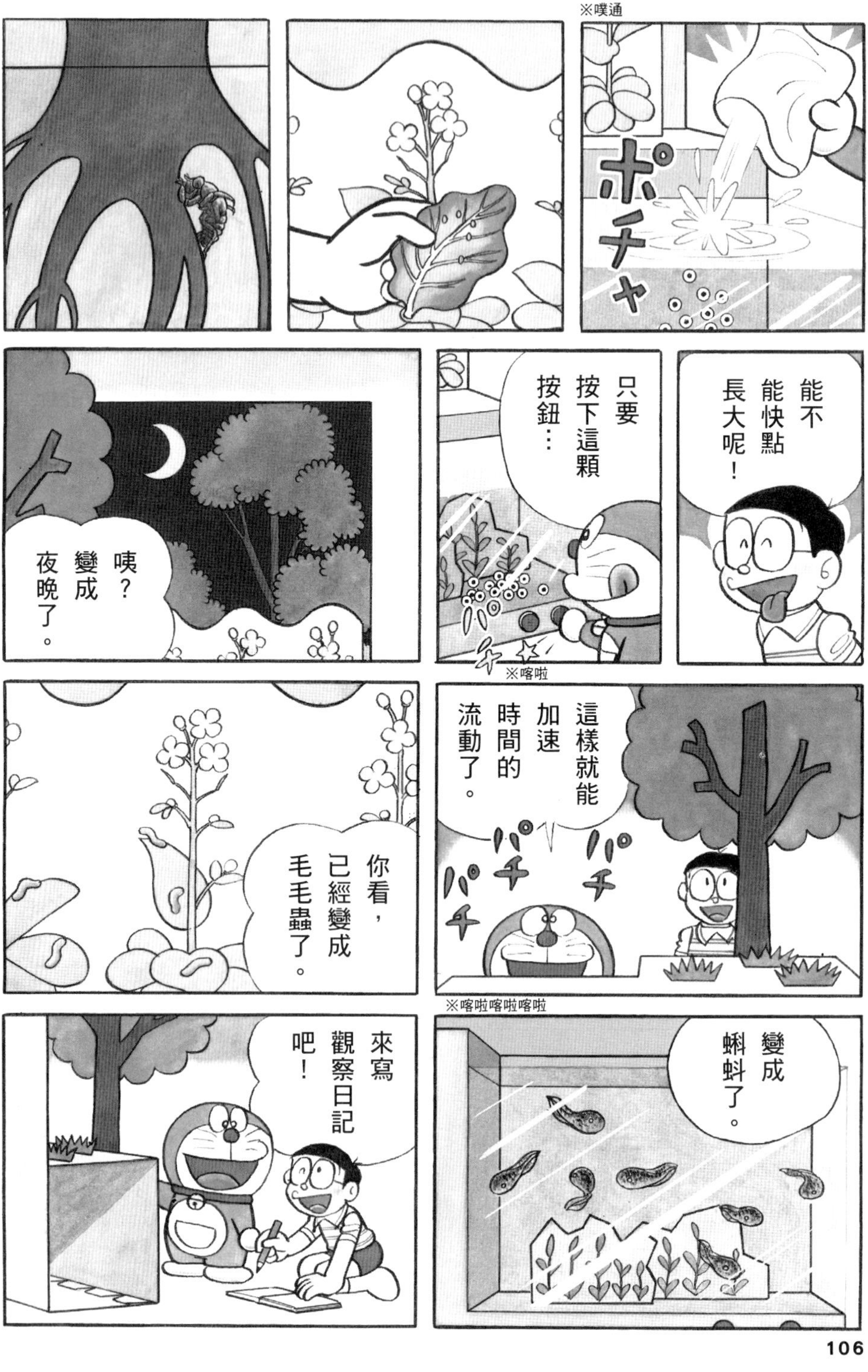
※噗通
ポチャ
能不能快點長大呢！
只要按下這顆按鈕……
※喀啦
咦？變成夜晚了。
這樣就能加速時間的流動了。
パチ
パチ
パチ
※喀啦喀啦喀啦
你看，已經變成毛毛蟲了。
變成蝌蚪了。
來寫觀察日記吧！

Q

由於蟬的幼蟲是在土中生長的，所以不會被敵人攻擊。這是真的嗎？

A 假的。牠們有時候會被鼴鼠等天敵吃掉。

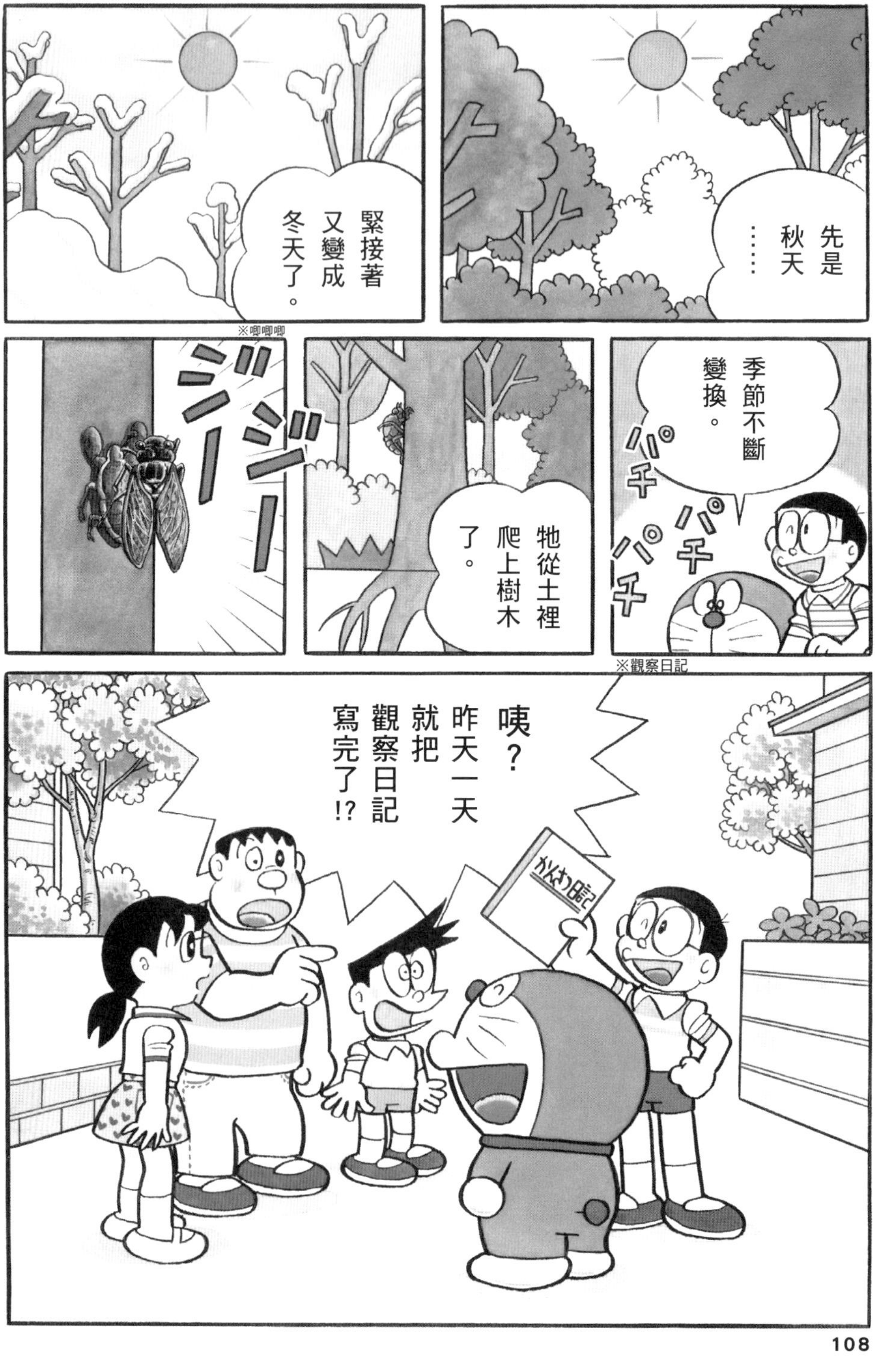

先是秋天……
緊接著又變成冬天了。
季節不斷變換。
パチ
パチ
パチ
牠從土裡爬上樹木了。
ジジジー
※唧唧唧
※觀察日記
咦？昨天一天就把觀察日記寫完了!?
かんさつ日記

ジジジ

蟬不為人知且讓人意外的特徵

Check! 注意

蟬（熊蟬）的身體構造

蟬的前翅很大，後翅則小得多。具有細長的口器，用它刺進樹幹或樹根中吸食汁液。

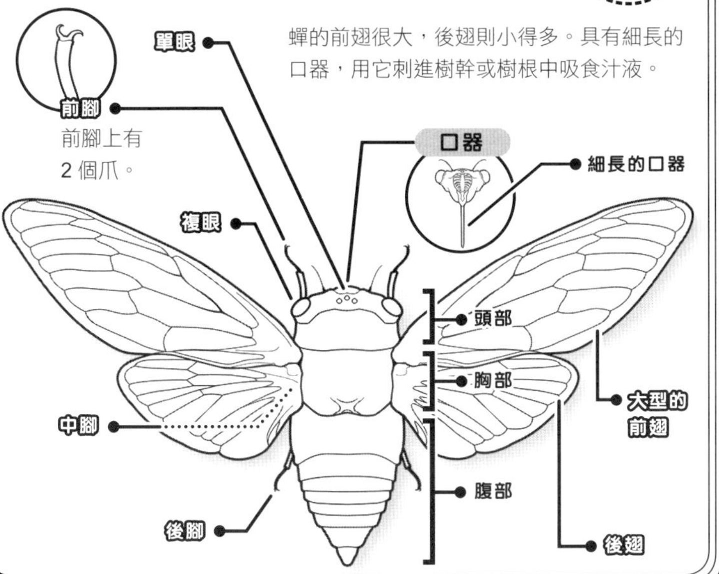
單眼
前腳
前腳上有
2 個爪。
口器
細長的口器
複眼
頭部
胸部
大型的
前翅
中腳
腹部
後腳
後翅

插圖／加藤貴夫

蟬並不是只有夏天出現的昆蟲

每當聽見蟬的叫聲，就會覺得夏天真的來了。但實際上，雖然有許多蟬是在夏天變成成蟲，但是在分布於日本的大約三十種蟬中，也包括了在春天出現的春蟬，以及在秋天現身的朝鮮蟪蛄（*Suisha coreana*）等種類。

應該有人曾經在暑假時到山上或是森林裡捕蟬吧！由於蟬在遇到危險想要脫逃的時候會尿尿，所以要小心別讓自己被噴到了。一般認為牠們之所以會尿尿，可能是為了要減輕身體的重量以便逃脫，但也有可能是真的被嚇到尿出來了喔！

蟬的另一個特徵，是有很堅固的蟬蛻。為了要從蟬蛻辨識蟬的種類，觸角的長度會是很重要的關鍵，處理時要特別小心不要折斷。

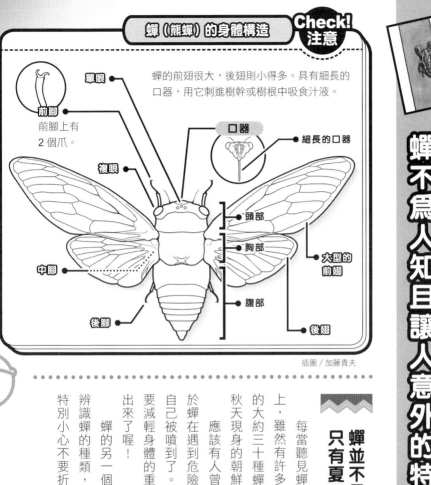

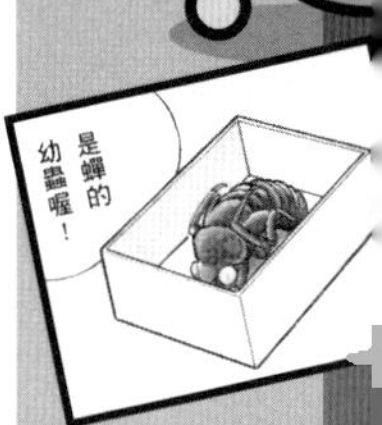

蟬在地面上鳴叫的期間非常短？

由小小身軀發出大大聲音的機制是什麼？

只要說到蟬，就會想到牠們宏亮的鳴叫聲。應該有不少人對於牠們究竟是怎麼發出那麼大的聲音，感到不可思議吧！

其實蟬的腹部裡面幾乎全都是空洞，使用稱為「發音肌」的肌肉讓發音膜振動，讓它在肚子裡面發聲，才能產生那麼大的聲音。假如大家有機會可以近距離觀察蟬的話，請仔細看看牠們的腹部，就會知道牠們的腹部動作和叫聲是互相配合著的。

插圖／加藤貴夫

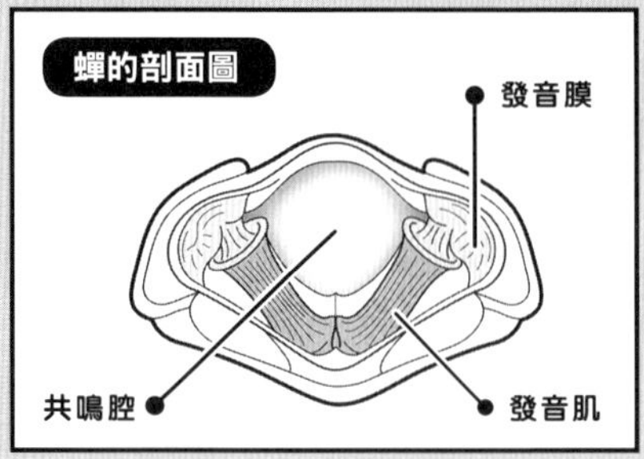

▲蟬的腹部剖面。使用發音肌，能夠讓發音膜在1秒內振動2萬次。

話說回來，蟬只有雄性會發出叫聲。而且是在呼喚雌性、被外敵襲擊以及對其他雄性宣告領域時，才會發出那麼大的叫聲。雌蟬的肚子裡因為被卵巢塞滿，並不是空的。

蟬鳴叫的時間會依種類而有所不同，所以若是聽到蟬的叫聲，請對照下方的表格進行確認。

你知道人類吸入氦氣後再開口說話時，聲音會變得又高又尖嗎？其實蟬也是一樣，把牠們放進氦氣裡時，牠們的叫聲也會改變哦！

主要蟬種的鳴叫時間

蟬會依種類的不同，而有不同的鳴叫時間帶。只不過已知每一種都是在白天鳴叫。

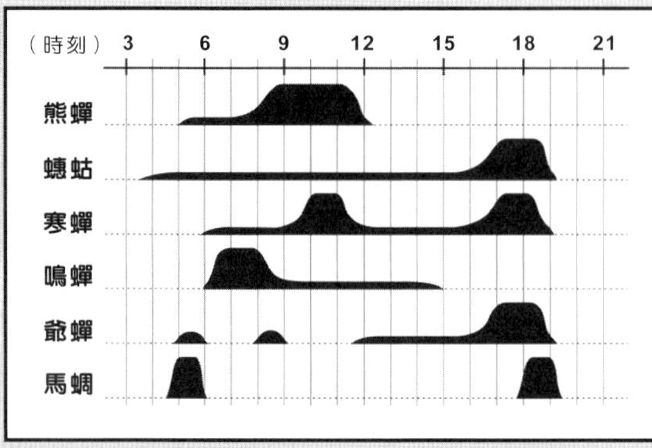

插圖／加藤貴夫

蟬幾乎所有的生命都在土中度過！

在這裡就以爺蟬為例，來確認蟬究竟是如何度過牠們的一生。

首先，雄性會停在樹幹等地方大聲鳴叫，呼喚雌性。雌性在交配過後會使用產卵管在樹幹的樹皮上打洞，產下大約十顆長度一點五公釐左右的卵。

這些卵會在隔年的梅雨季時孵化，孵化後的幼蟲會掉到地面上，自行挖洞鑽進土中，從此開始牠們長長的地下生活。

蟬的幼蟲從樹根吸取樹液成長，然後在土中生活三至四年。由於牠們的身體在這個期間也會逐漸長大，所以在土裡面會蛻皮四次。

到了第四或第五年的夏天時，牠們才會挖洞爬出到地面上，再緩緩爬上樹幹，等到日落後天色暗到天敵不容易看到牠們的時候，牠們就會羽化成為成蟲。假如你們也想要飼養蟬，看牠們羽化的話，記得要把房間弄暗喔！

▲油蟬的成蟲。

雖然蟬終於變成了成蟲，殘留的壽命卻只剩下不到一個月。即便如此，整個「蟬生」加起來還是有四至五年，在昆蟲中算是很長壽的。此外，由於牠們會先鑽到土裡，再爬出地面，所以在中國也被當成是復活的象徵。

▲爺蟬剛剛羽化的時候，身體的顏色還很白。

特別專欄

有些蟬是每 17 年才出現一次？

雖然許多人認為蟬是每年都會誕生的，但是其實在美國卻是每 17 年固定會有一次蟬的大量發生。

這個現象發生的原因，尚未完全被解開。雖然有人認為這也許是為了要減少被外敵一口氣吃掉的可能性，不過也有幾種其他不同的說法。

除此之外，還有每 13 年出現一次的蟬。至於為什麼是 17 年或 13 年？這個問題目前仍然在研究中。

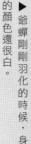

蟬的同類，都是意想不到的成員！

椿象是以氣味保護自己！

蟬是屬於半翅目這個分類群的昆蟲，在這個類群裡也包含了椿象。

椿象具有像針般尖銳的口器，牠會用口器刺到植物或是其他昆蟲的身上吸食汁液。

而說到椿象最大的特徵，當然就是牠們獨特的氣味。在牠們的腹部裡面具有稱為「臭腺」的器官，當牠們面臨外敵的時候，就會從臭腺釋出獨特的氣味。因為如此，牠們又有「臭屁蟲」、「放屁蟲」等別稱。不過，最令人驚訝的是，椿象居然會被自己的氣味給臭死呢！

在和蟬同目的昆蟲中，也有不少像水黽、田鱉、松藻蟲等棲息在水邊的昆蟲。水黽和椿象正好相反，會發出甜甜的香味。

此外，像水螳螂、日本突負蝽、紅娘華等，是從屁股伸出細長的呼吸管，在進入水裡的時候，只有呼吸管露出在水面上，讓牠們可以呼吸。

▲椿象會把口器刺進其他的昆蟲身上，吸食牠們的體液。

特別專欄

椿象的氣味也被用來製造香水！

討厭椿象所釋出的氣味的人實在不少。

牠們臭味的主要成分雖然是一種稱為「青葉醛」的分子，但這個成分在蘋果、香蕉和草莓中也都能找到，經常被用來幫香水及食品添加香味。

如果仔細觀察，你會發現椿象其實看起來非常的美麗。若是能夠換個角度來看的話，也許就能改變大家的觀念，喜歡上大家原本討厭的昆蟲喔！

月光與蟲鳴

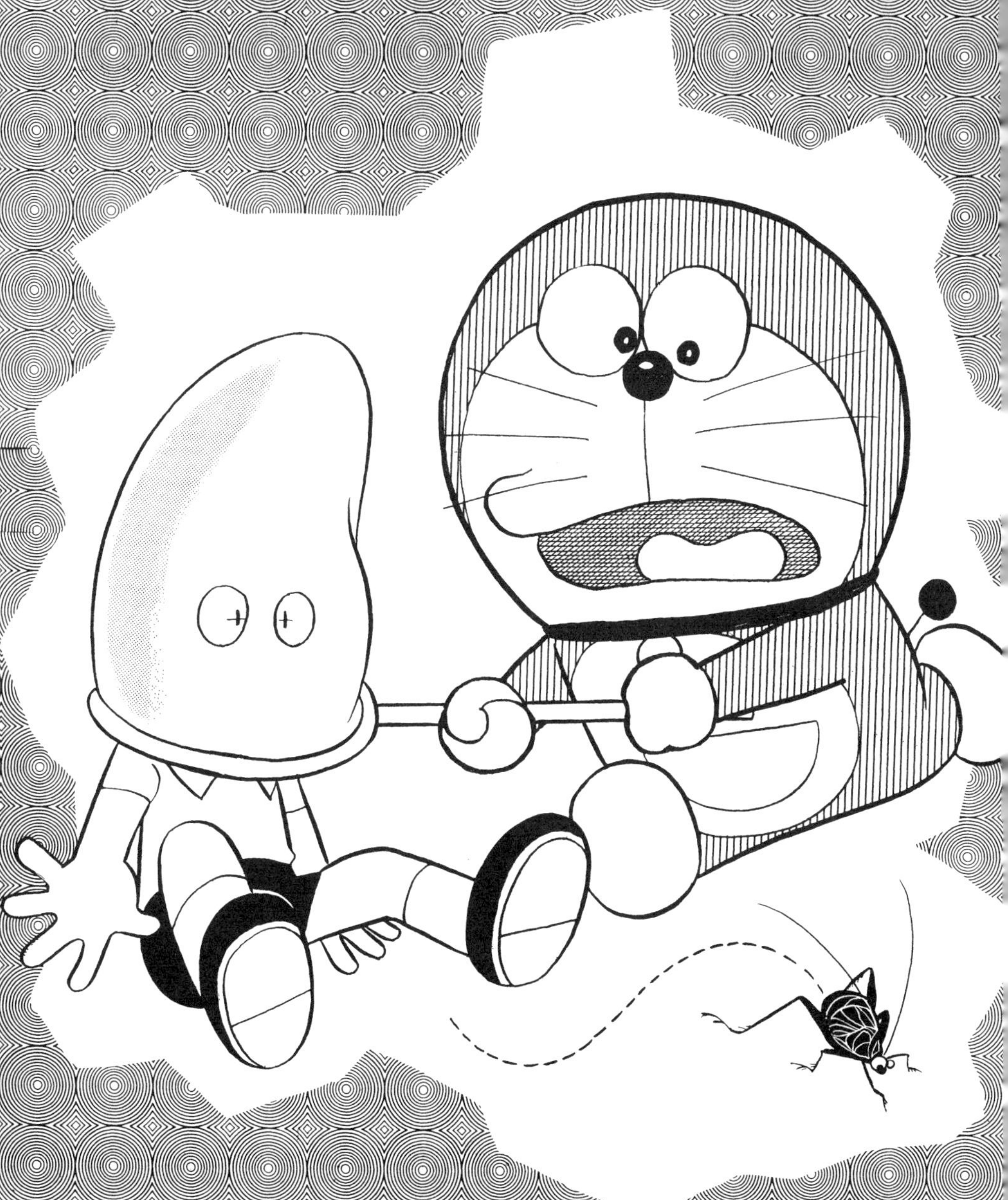

※蟲叫聲
很好聽吧。
嗯，真的很好聽呢！
真令人陶醉！
那我要各收五元的聆聽費。
聽蟲鳴也要收錢啊？
※蟲叫聲
這可是從百貨公司買來的，很貴耶。
歡迎再來聽。
誰要來啊！

終極昆蟲發現機Q&A

Q 現在已經確認的蝗蟲和螽斯有幾種呢？①一百種 ②一千種 ③一萬種

A

③一萬種。在日本有三百九十種。

我們家也買嘛！
就算買了，過沒多久還是會死掉啊。
以前啊，我們家附近，有好多鈴蟲和金琵琶呢！
是呀，一到晚上，就像在開昆蟲音樂會一樣，吵得不得了。
現在為什麼都沒有了？
因為現在的空地變少，而且到處都噴殺蟲劑，蟲子無法存活啊。
真沒意思。
我們坐「時光機」回到過去，
抓一堆鈴蟲和金琵琶回來，
然後放到家裡的院子。

Q 總是背著另一隻蝗蟲的負蝗，位在上方的是雄性還是雌性？

今晚到我家的院子來吧！
我們將舉行一場蟲鳴音樂會。
真的嗎？
怎麼可能有那麼多蟲啊？
有沒有就等著瞧吧！
回到二十年前看看。
哇～二十年前有這麼多空地啊！
コロコロ
ガチャガチャ
チンチロリン
スイッチョ

※蟲叫聲

A 雄性。有時候會有其他雄性過來，跟原本位於雌性上方的雄性爭鬥。

※蟲叫聲

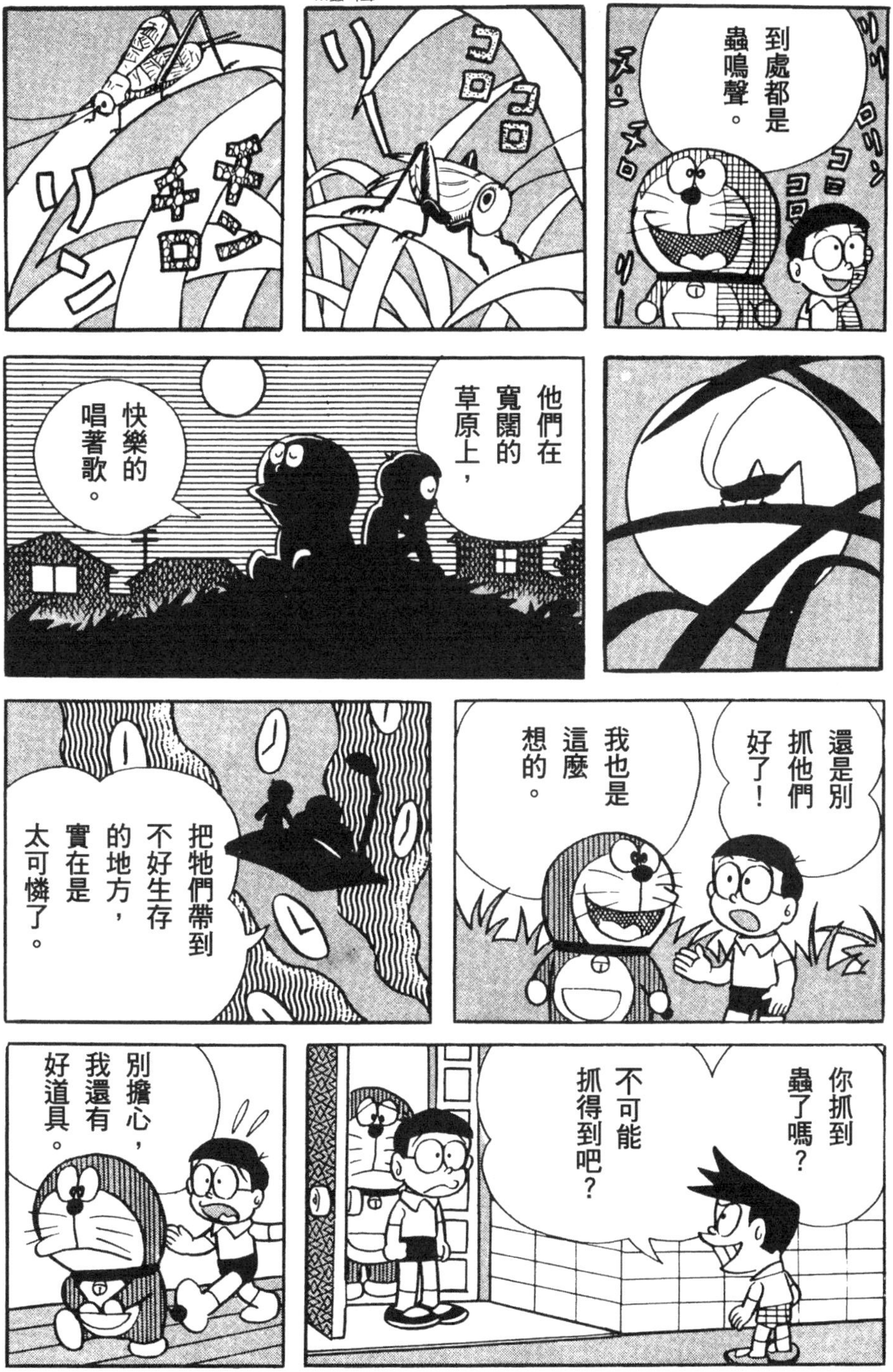

コロコロ
到處都是蟲鳴聲。
他們在寬闊的草原上，
快樂的唱著歌。
還是別抓他們好了！
我也是這麼想的。
把牠們帶到不好生存的地方，實在是太可憐了。
你抓到蟲了嗎？
不可能抓得到吧？
別擔心，我還有好道具。

只要滴上這朵花的花蜜，任何蟲子都可以發出美妙的叫聲喔！
我們去抓這附近的蟲子吧！
我們會按照約定舉行蟲鳴音樂會喔。
有蟋蟀、鈴蟲、金琵琶等，
各式各樣的蟲喔。
哇啊好棒～～
コロコロ
スイッチョ
チンチロリン
這麼多的蟲，到底是哪裡抓來的？
等著瞧！
※蟲叫聲

Q 雌性的螳螂在產卵之後就會死亡。這是真的嗎？

A

真的。雌性在產完卵不久之後就會死亡。

真不錯！
真是美妙的蟲鳴呀！
※蟲叫聲
※吸～
嘿嘿嘿！你的蟲子我全部接收囉！
啊，那是……
你幹嘛抓一堆蟑螂回來呀！
※蟲叫聲

蝗蟲和螽斯是跳高金牌！

Check! 注意　螽斯的身體結構

蝗蟲類由於有很長的後腳，所以跳躍力非常強。此外，由於牠們的大顎很發達，所以能夠把食物咬碎。

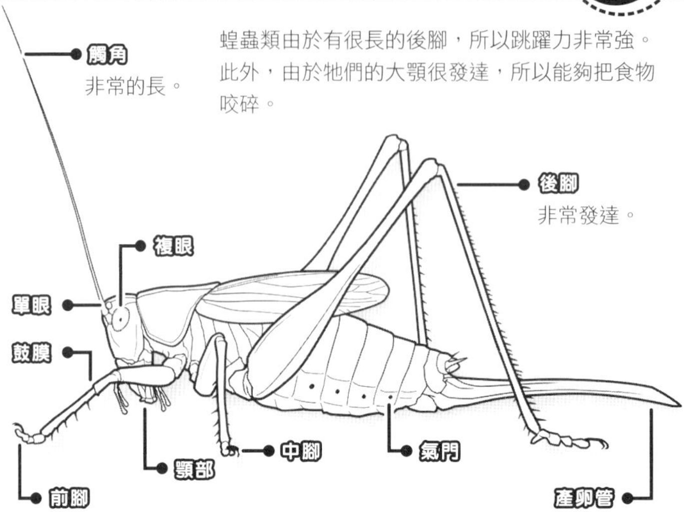

觸角
非常的長。
複眼
單眼
鼓膜
後腳
非常發達。
中腳
氣門
顎部
前腳
肉食性的物種在腳上會有許多的刺。
產卵管
雌性才有的細長產卵管。

插圖／加藤貴夫

蝗蟲的腹部能夠伸長？

蝗蟲、螽斯、蟋蟀、鈴蟲、松藻蟲、斑腿蝗、露斯，這些全都是直翅目的昆蟲。

這些昆蟲的最大特徵，是後腳很發達，而蝗蟲很擅長跳躍則是眾所周知的事實。體長五公分的蝗蟲能夠跳躍兩公尺左右的距離，若是以一百七十公分的成人來換算，相當於跳了六十八公尺之遠！

不過即使是如此強而有力的蝗蟲腳，對於拉力的抵抗也是相對的非常弱，很容易就會被拉斷，所以在捕捉蝗蟲的時候要小心注意。

▼東亞飛蝗在產卵。以產卵管挖洞後，在裡面產下被泡沫包覆的卵。

另外，蝗蟲還有許多不為人知的特徵，例如「腹部會伸長」的特點。蝗蟲的雌蟲是在每年的八至九月左右產卵，產卵時會把自己的腹部伸長，插進土中。

螽斯和蝗蟲有什麼不同？

雖然螽斯和蝗蟲長得非常相似，不過若是仔細觀察牠們的觸角，就能夠輕易分辨。觸角比體長還要長的，就是螽斯。

此外，用來捕捉聲音的鼓膜的位置也不一樣。蝗蟲的鼓膜位於腹部的兩側，螽斯的鼓膜則位於前腳。也就是說，螽斯不是用耳朵，而是用腳來聽聲音的喔！

© Eric Isselee/Shutterstock.com

▲ 肉食性螽斯的腿部特寫，可以看到牠腿上布滿了鋒利的刺。

會捕捉其他昆蟲來吃的肉食性螽斯，為了要捕捉獵物，牠的腳上長有許多刺。由於牠們的外觀和蝗蟲非常相像，所以很多人在家裡飼養螽斯的時候，都只餵牠們吃葉子，不過還是請給牠們吃小魚乾等動物性飼料比較好。

此外，日本的螽斯大致上可以區分成棲息在北海道的烏蘇里蟈螽（*Gampsocleis ussuriensis*）、在東日本的日本蟈螽（*Gampsocleis mikado*）、在西日本的暗褐蟈螽（*Gampsocleis buergeni*），以及在沖繩的琉球蟈螽（*Gampsocleis ryukyuensis*）等四大類。

在夏天即將結束的時候，雌性螽斯會被雄性的鳴叫聲吸引而靠近，雙方會在草葉上交配。然後，雌性會一顆顆的把卵產在土裡。那些卵會在下一年的春天孵化，吃植物的種子或花粉，反覆的一邊蛻皮一邊長大。到了夏天，就會變成成蟲。

特別專欄

蝗蟲的大群發生

蝗蟲在森林等棲息環境減少或消失的時候，就會密集的聚集在一起生活，身體的顏色也會變得偏黑。

這樣的蝗蟲稱為飛蝗，會大量發生，在幾個小時之內把農地或是田裡面的作物和植物吃得一乾二淨。

此外，牠們的飛行能力也很強，有時候甚至會對飛機的飛航安全造成影響。

蟋蟀與螳螂是蝗蟲的同類？

蟋蟀的翅膀，變成牠們的樂器！

雖然外觀上並沒有螽斯那麼像蝗蟲，但是蟋蟀其實也是蝗蟲的親戚。牠的體色有時候也會被人誤以為是蟑螂，不過蟋蟀的後腳和蝗蟲同樣很發達。

此外，蟋蟀及鈴蟲的雄性，在吸引雌性或是對其他雄性宣告領域時，都會發出音色很美的鳴叫聲。

若是把蟋蟀重疊在一起的前翅放大來看的話，會發現上翅上面有些部分變成像銼刀的樣子，下翅的表面上則有許多突起。牠們能夠以摩擦上下翅來發出那種美麗的音色，而聲音會傳達到翅膀整體，在背部與翅膀間的空間共鳴，發出很大的鳴叫聲。

蟋蟀的前翅純粹只是為了要發出這種聲音來使用，後翅則分成已經退化無法使用的物種，以及非常發達能夠用來飛行的物種。

黃臉油葫蘆這種蟋蟀會利用牠們的鳴叫聲，在八月左右呼喚雌性進行交配。其雌性會和螽斯一樣把產卵管刺入地面，然後一顆顆的把卵產下。這些卵會在隔年的春天孵化，孵化後的幼蟲會爬出地面，吃草葉以及其他昆蟲屍體等各式各樣的食物維生，一邊成長一邊反覆進行六次的蛻皮。之後，會在八月時羽化，變成成蟲。

其他還有像斑腿蝗、金琵琶、螻蛄等，都是蝗蟲的同類；竹節蟲雖然長得跟牠們很像，卻是屬於「䗛」目（竹節蟲目）這種別的分類群。

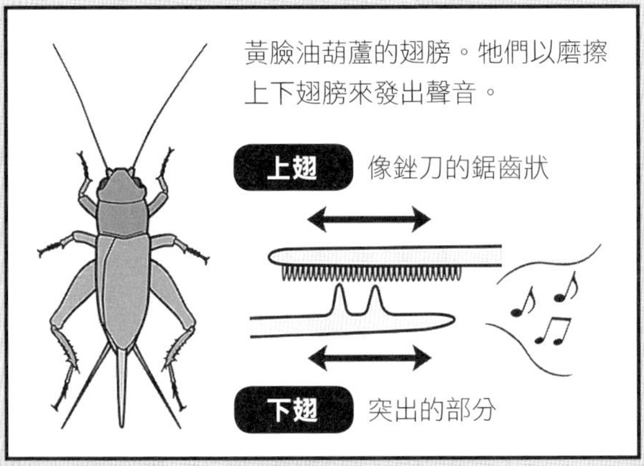

黃臉油葫蘆的翅膀。牠們以磨擦上下翅膀來發出聲音。

插圖／加藤貴夫

螳螂不只有優秀的「鐮刀」，連視力也很好！

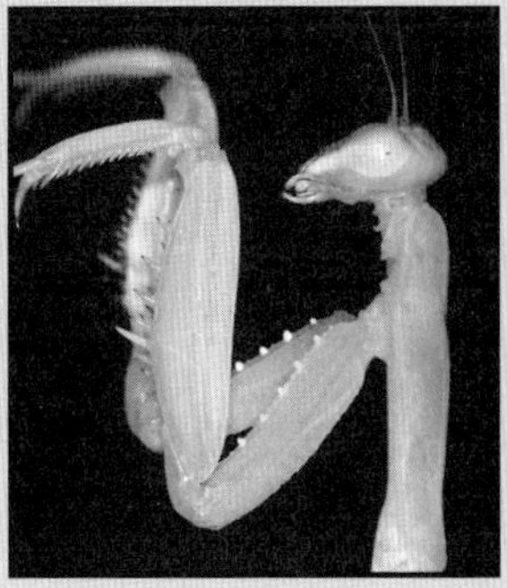

▲螳螂是使用這個雄偉的鐮刀捕捉獵物。

▲螳螂的卵鞘。會有100隻以上的幼蟲從裡面孵出來。

螳螂有許多地方和蝗蟲很相像，從前兩者被認為是屬於同一個分類群。但是現在則被分類成別種昆蟲。

說到螳螂的特徵，應該就像牠的日文名「鐮切（Kamakiri）」一樣，具有很大很神氣的鐮刀吧！而牠們的「鐮刀」，居然是從幼蟲時期就有了。雖然螳螂很擅長使用牠們的大鐮刀捕捉其他昆蟲，但是有時候卻也會吃同種的螳螂。此外，有些雌性在交配完以後也會把雄性吃掉。

螳螂的動態視力非常的優秀，只要發現稍微移動的物體，就會立刻跳過去想要捕捉它，而且牠們不論白天或夜晚都能夠看得很清楚。換句話說，螳螂具有非常方便且適合發現獵物的眼睛。只不過由於牠們對不會動的東西完全沒有興趣，所以在家裡飼養螳螂，要餵牠們吃東西的時候，最好能夠用免洗筷子等物品，夾住食物在牠眼前晃動比較好。

另一方面，螳螂很不擅長飛行。雖然牠們能夠飛很短的距離，但卻沒辦法在較高的位置持續做長時間飛行。特別是雌性幾乎完全不飛，翅膀主要是用來威嚇敵人。

螳螂的卵，是產在像是泡泡變硬所做成的「卵鞘」（螵蛸）之中，這讓牠們的卵能夠承受某種程度的溫度變化與撞擊。在一個卵鞘之中會有一百個以上的卵，在春天到初夏之間孵化，然後一邊吃其他的昆蟲一邊成長。

特別專欄

寄生在螳螂身上的鐵線蟲是什麼？

螳螂的身上經常會被像鐵絲那樣的蟲，也就是「鐵線蟲」寄生。在螳螂體內長大的鐵線蟲，會把螳螂誘導到水邊之後，再脫離螳螂的身體。

蟑螂掩飾娃娃

呀啊
啊～～
是蟑螂又跑出來了。
你光聽媽媽的慘叫聲就知道發生什麼事啦？
雖然媽媽的叫聲都是「呀啊～」，可是隨著狀況不同，音調也有些微的差別喔。
如果是「呀啊」的話就是蟑螂，
「呀啊」的話就是老鼠，
要是「呀啊」的話，就一定是滑倒了。
我聽起來都一樣啊。

有、
蟑、
螂、
啊!!
蟑螂越來越多，實在拿牠們沒辦法。
我看得徹底消滅牠們才行。
你們去一趟超市，
買殺蟲劑回來。
馬上去喔。
你去！
不，你去！
每次都要為這種事吵架。
幫媽媽跑腿實在有夠麻煩的。
「蟑螂擴音器」。
全體集合!!
?

終極昆蟲發現機Q&A

Q 在地球上，蚊子能夠棲息的場所年年增加。這是真的嗎？

A 真的。由於地球暖化的影響，蚊子能夠棲息的範圍變廣了。

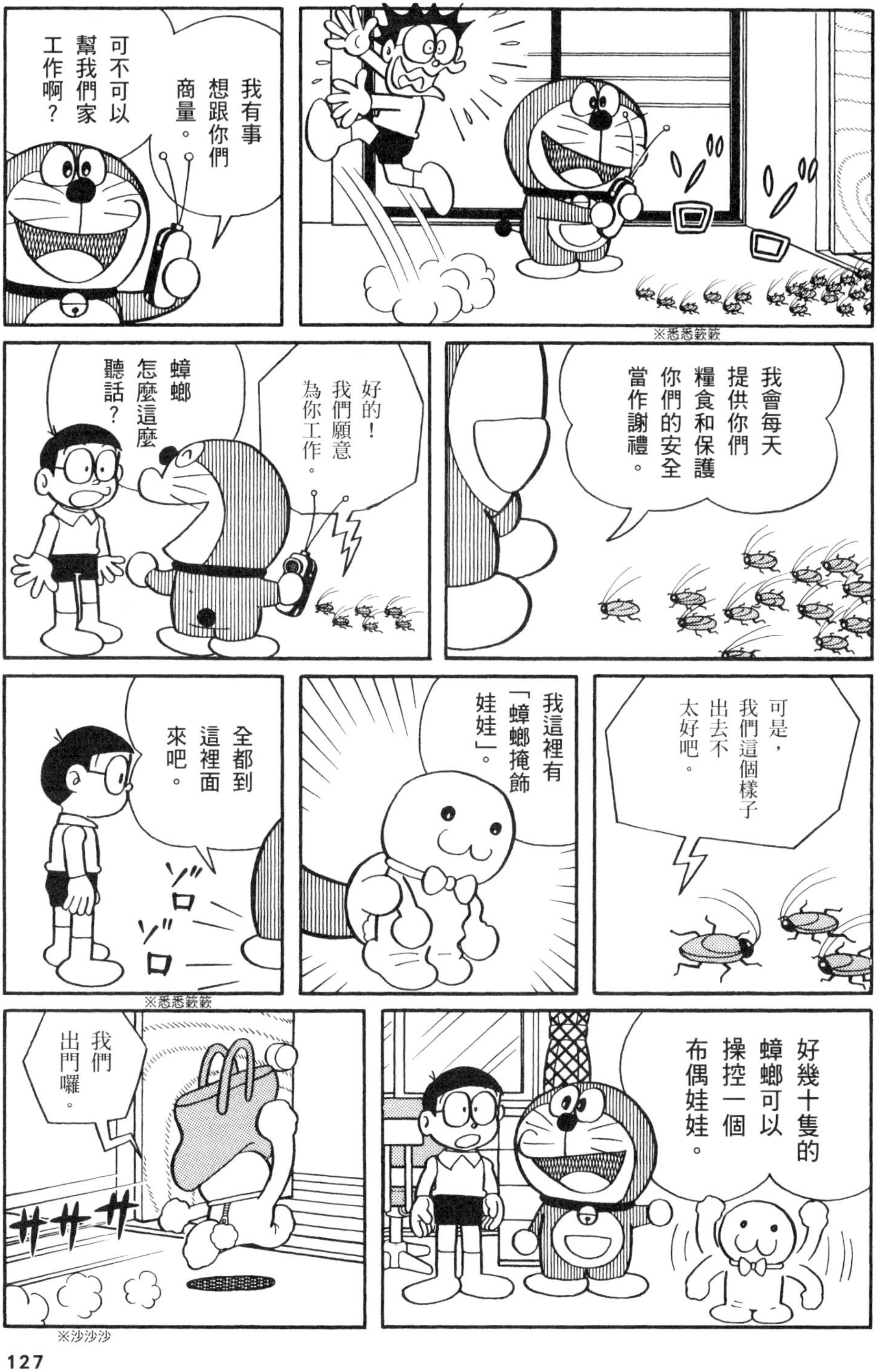

終極昆蟲發現機Q&A

Q 由於蟑螂需要有人類丟掉的垃圾才能存活，所以並不存在於自然界中。這是真的嗎？

給牠一顆飼料就行了。
如果給得太多，蟑螂會繁殖得很快。
牠們睡垃圾桶嗎？
牠們喜歡狹窄的地方。
托牠們的福，讓我每天都很輕鬆。
那我是不是可以暫時回到久違的未來世界去啊？
可以啊！回去吧~
哇!!又要遲到了啦。
你的速度不是很快嗎？
快點送我到學校去。
不行。
我得再長大一點才揹得動你……也就是說，只要增加我的同伴，就可以合力送你去學校了。
那要如何增加你的同伴呢？
給你多一點飼料就可以馬上繁殖了嗎？
四顆夠了吧？

假的。在人類誕生以前原本就有蟑螂存在了，所以在森林等大自然中也有許多蟑螂棲息著。

※婆嚕
ムク
ムク
※沙沙沙
還好趕上了。
サササ---
這機器人好像很不錯，
借我吧！
你竟敢說不要!!?
打得過他嗎？
再讓我長大一點就可以。
你真是靠得住。
多吃點吧！
快把這個機器人送到別的地方去吧。
不然房子會被撐破的。
要我離開這個家，就得先幫我找到住的地方。
幫你找就是了。
要是敢不負責任，我會發飆喔。

終極昆蟲發現機Q&A

Q

被蚊子叮的時候，讓牠吸血吸個痛快比較不會癢。這是真的嗎？

A 真的。因為成為發癢原因的蚊子唾液也會一起被吸走，所以雖然生理上會感覺很討厭，還是讓牠吸到最後比較好。

可是，我們這個樣子出去不太好吧。

虻（花蠅，長尾管蚜蠅）的身體構造

Check! 注意

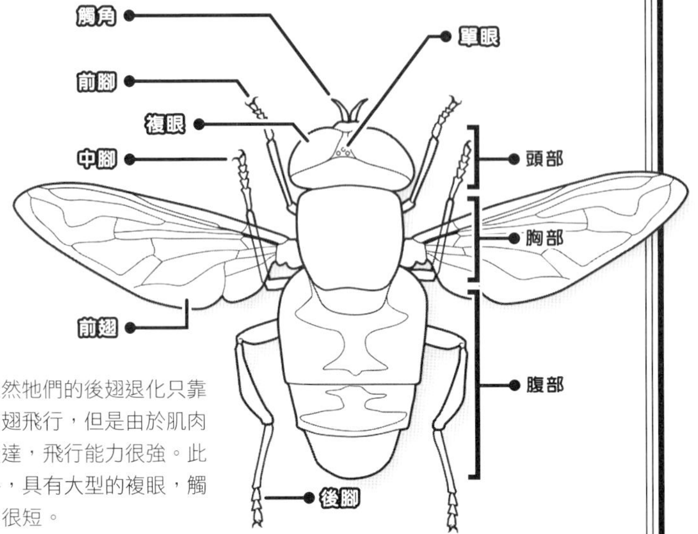
觸角
單眼
前腳
複眼
中腳
頭部
胸部
前翅
腹部
後腳

雖然牠們的後翅退化只靠前翅飛行，但是由於肌肉發達，飛行能力很強。此外，具有大型的複眼，觸角很短。

插圖／加藤貴夫

有好的昆蟲和不好的昆蟲？

在昆蟲之中，有很受小朋友歡迎的物種，也有被大家討厭的物種。的確，有些昆蟲會對人類造成危害，或是外觀會讓人很介意，但是在自然界之中，並沒有分成什麼好的昆蟲和不好的昆蟲。

在這裡，請先不要拘泥於平常既有的印象，純粹只從「認識生物」的觀點來看看吧！好好了解牠們之後，很可能會發現讓你意外的事情喔！

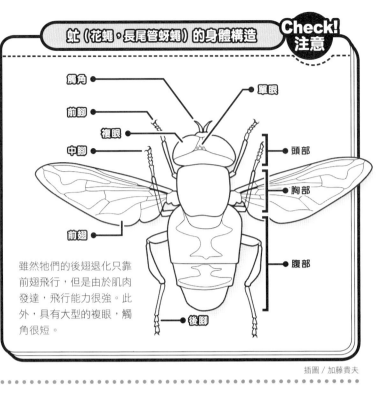

虻和蒼蠅都沒有後翅？

首先，讓我們來看看虻、蒼蠅、蚊子和大蚊。這些全部都同樣是雙翅目的昆蟲。

虻和蒼蠅具有大型的複眼，視力很發達。虻的口器

© Mauro Rodrigues/Shutterstock.com

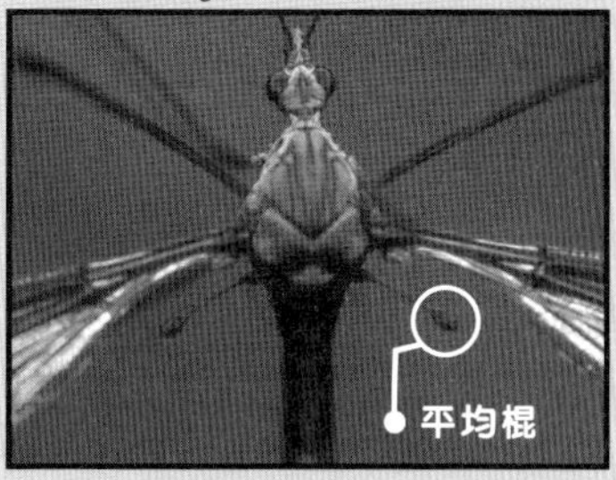

▲大蚊的平均棍。用這個來一邊維持平衡一邊飛行。

很尖銳的突出在外，用它刺入昆蟲的身體中注入唾液，被刺的昆蟲就會麻痺，虻便接著吸食其體液。其他還有吸食花蜜的虻、吃花粉的虻等。

此外，也有人認為花蠅（長尾管蚜蠅）類的形狀及斑紋與蜂類酷似，是為了要保護自己不受天敵攻擊。

雙翅目昆蟲的後翅退化，變成小小的棍棒狀。這稱為「平均棍」，用來在飛行的時候保持身體的平衡。託平均棍之福，有些物種因此具有能夠在空中，保持接近靜止狀態的飛行能力呢！

被蚊子螫時之所以不會痛，是因爲牠們的針很細？

蚊子雖然並不具有強烈的毒性，但卻因為翅膀發出的聲音，以及被叮咬後產生的搔癢而被討厭。此外，蚊子也是瘧疾、黃熱病、登革熱等傳染病擴散的媒介。

雖然蚊子的雄性和雌性都具有尖銳的口器，但是只有雌性會為了讓肚子裡的卵發育而吸血、吸收蛋白質。在這個時候，蚊子會先把唾液注入人體內再和血一起吸，但唾液卻會殘留在人體中，導致人類感覺很癢。

話說回來，在打針的時候會痛，被蚊子叮的時候卻不會痛，這是為什麼呢？當然針很細是原因之一，但是其實還有其他的原因。在蚊子的針的兩側有像鋸齒般的突起，所以當「針」、「左側的鋸齒」、「右側的鋸齒」交錯、平順、毫無抵抗的一點一點刺進人的身體中，就不容易感覺疼痛了。

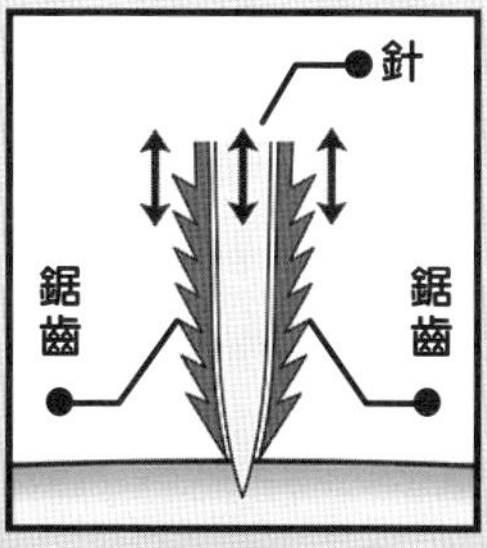

▲由於是一邊振動針及兩側的鋸齒，一邊平順的進入人體內，所以不會讓人感覺到疼痛。

插圖／加藤貴夫

© tobkatrina/Shutterstock.com

▲蚊子的化石。蚊子在一億七千萬年前的中生代侏儸紀時期，就已經存在了。

蟑螂是被人討厭的昆蟲王者！

最被人類討厭的昆蟲，應該要算是蟑螂了吧！仔細想一想，牠們既不像蜂那樣會螫人，又不像白蟻那樣的會破壞人類的家，但卻因為牠們的外觀或是給人的印象而被討厭。

這樣的蟑螂，居然是從三億年前的古生代石炭紀就已經生活在這個地球上。也因為如此，蟑螂被稱為是「活化石」。

插圖／佐藤諭

▲假如蟑螂的身體大小和人類一樣的話，速度會比高鐵還要快！

蟑螂的生命力非常的強，能夠吃頭髮或是紙等當作食物，而且一個月都不吃、不喝，也能夠存活下去。

牠們的身體扁平，擅長逃進狹窄的地方。若是把牠們的速度按照人類的尺寸換算的話，居然達到時速三百公里以上，比高鐵還要快！現在也有研究者在思考，是不是能夠將牠們靈活的動作能力活用到機器人技術上面呢！

在牠們的腳尖上有稱為「爪間盤」的裝置，那是具有黏性的吸盤，讓牠們能夠攀附在牆壁或是天花板等，可以說是幾乎沒有牠們去不了的地方。

此外，牠們的觸角和尾毛也很發達，即使在黑暗的環境中也能夠靈敏的察覺周圍的狀況。我們之所以沒辦法輕易的捕捉到蟑螂，就是因為牠們擁有這些各種不同的技能的關係。

特別專欄

有容易被蚊子叮的血型嗎？

人類真的會因為血型的不同，而容易被蚊子叮或是不容易被蚊子叮嗎？根據 2004 年在美國發表的論文，容易被蚊子叮的血型依序是 O 型、B 型、AB 型、A 型。其他還有穿著黑色衣服的人、容易流汗的人也容易被叮的說法。

▼蟑螂就是用這個尖銳的爪子及爪間盤，讓牠們什麼地方都能夠去！

© schankz/Shutterstock.com

搔癢跳蚤

終極昆蟲發現機Q&A

Q 白蟻只能棲息在溫暖的地方，所以日本的白蟻分布只有到本州為止。這是真的嗎？

傳聞已經有好幾個小孩被賣到國外去了。
啊哈哈哈！
那只是傳聞啦。
如果是真的話，警察不會放著不管的。
可是他們長得像鬼一樣恐怖。
不快點把大雄救出來，他就要被賣到國外去了。
我馬上把他救出來。

A 假的。在日本的亞寒帶（北海道地區）也有白蟻棲息。

哇！好大的庭院。
這樣也難怪小孩會想進來玩。
讓大家進來玩不是很好嗎？
竟然還把小孩抓起來，真是個小氣叔叔。
※喀沙喀沙
ガサガサ
!

※咻
ピュウ
不可以逃走啦！
好、好可怕，好可怕。
你不去救大雄了嗎？
怎麼可能，我當然要去救他。
可是，看到那張臉我就害怕……
那張臉……能不能想點辦法……
一直都是那副表情，我從來沒看他笑過。
好！那就讓他笑吧!!
？

終極昆蟲發現機Q&A

Q 跳蚤和蚊子一樣，只要叮了一個地方之後就不會再叮其他的地方。這是真的嗎？

A

假的。不論是蚊子或是跳蚤，到吃飽為止都會叮好多次！

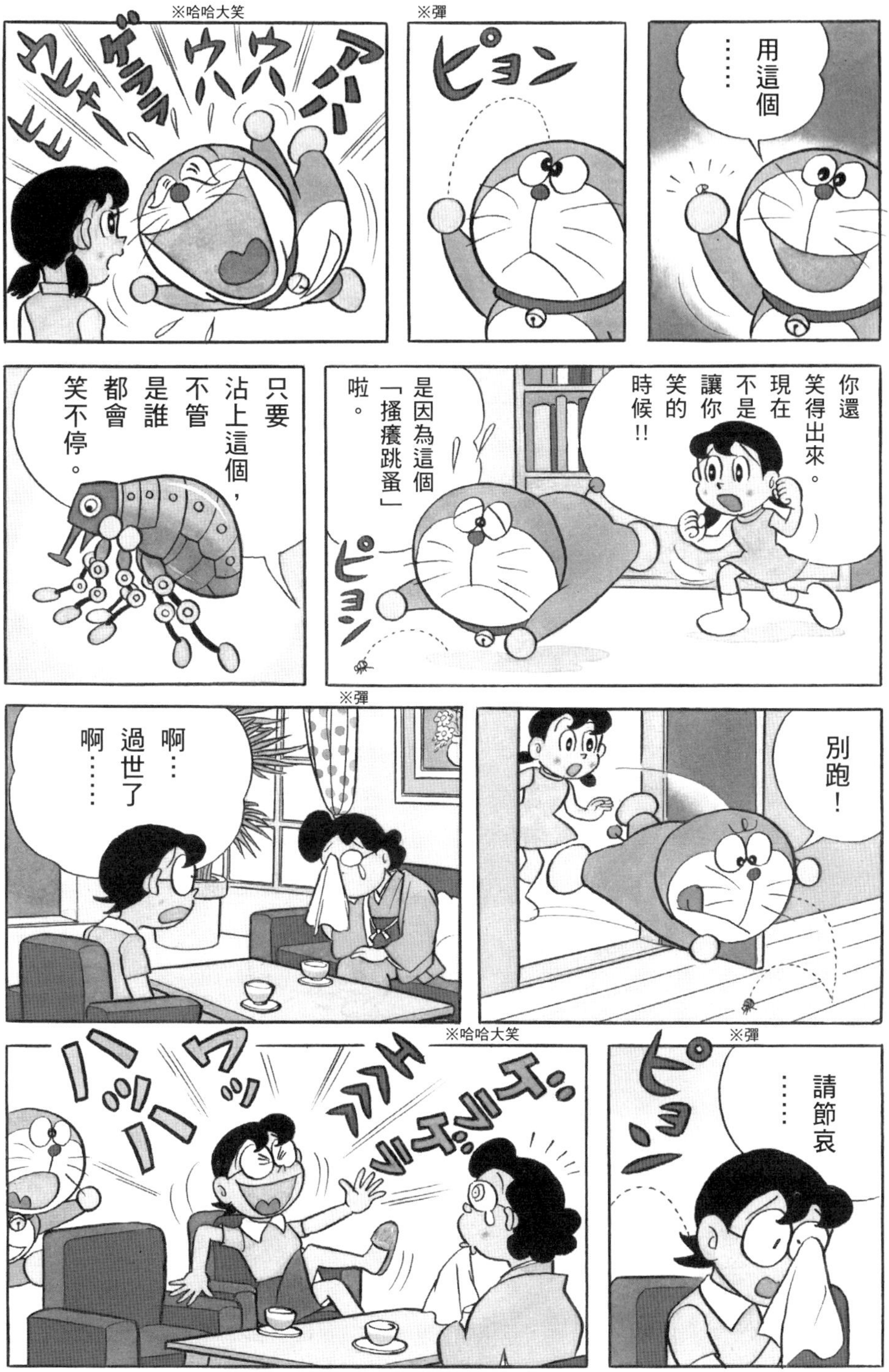

用這個……
ピョン
※彈
※哈哈大笑
你還笑得出來。
現在不是讓你笑的時候!!
是因為這個「搔癢跳蚤」啦。
ピョン
只要沾上這個，不管是誰都會笑不停。
別跑！
※彈
啊……過世了啊……
※彈
ピョン
請節哀……
※哈哈大笑

終極昆蟲發現機Q&A

Q

只要好好洗頭髮的話，頭髮上就不會長頭蝨。這是真的嗎？

A 假的。不論怎麼清潔，都有可能從別人的頭髮感染到。

我很寂寞啊。
希望能夠有人來玩。
那就不要生氣啊。
我從來沒對小孩子發過脾氣啊。
大家都是一看到我就逃走了。
你是因為嚇到腿軟逃不掉，我才有機會跟你說話的。
真是可憐。
「搔癢跳蚤」過去吧!!
バラバラ
※啪啦啪啦

終極昆蟲發現機Q&A

Q 蟻獅是怎麼吃螞蟻的？①整個吞下去②咀嚼得細細的③只有吸食體液

A
③只有吸食體液。在吸完了之後，就把其他的部分丟掉。

笑起來就不可怕了。
快點幫他把跳蚤抓走啊。
分不出是真的跳蚤還是機械跳蚤。
哈哈…好痛苦。
第二天
笑得太過頭，整張臉都變不回來了。
叔叔一點都不可怕。
不過他好像很高興喔！

雖是多少有些認識的昆蟲，也該好好了解一下！

只要沾上這個，不管是誰都會笑不停。

白蟻吃的東西，不只是樹木而已？

在這裡要對到目前為止，還沒有被提出來說明的「大分類群」的昆蟲，做個說明。

首先，是白蟻。雖然從名字來看，會讓人以為牠們和螞蟻是屬於同一個分類群，但是螞蟻跟蜂類是同類，白蟻卻和蟑螂是親戚。只不過白蟻和螞蟻一樣是社會性昆蟲，有分成蟻后、工蟻、兵蟻，各自分工負責。

雖然說白蟻是以會蛀食木造房屋的柱子而聞名，但是其實牠們連金屬、橡膠、水泥、塑膠、皮革等等也都會吃，所以就連鋼筋水泥造的建築物，也不能夠掉以輕心。

不過，牠們當然不是一開始就定居在人類的家中，牠們原本是自然界中的昆蟲，以從樹上掉落的枝葉為食，分解它們。

大多數的白蟻是把巢蓋在木材或是土中，而熱帶地方或是乾燥地區的白蟻則會使用土壤或是排泄物，建造有好幾公尺大的蟻塚。而且，居住在一個蟻塚中的白蟻數量，居然可以多達幾百萬隻！

此外，還有會栽種蕈類的白蟻。牠們會在巢中植入蕈類的菌，然後再吃這些種出來的蕈類。在日本的沖繩就能夠看到這種白蟻。

▲在乾燥地區可以看到的蟻塚。在上面開了許多直徑5公釐左右的洞。

▲在白蟻中，有些物種會建造稱為菌室的小空間來培育蕈類。

寄生在身體表面的跳蚤與蝨子

© devil79sd/Shutterstock.com

▲ 蝨子是用尖銳的針戳刺宿主吸血。

© Cosmin Manci/Shutterstock.com

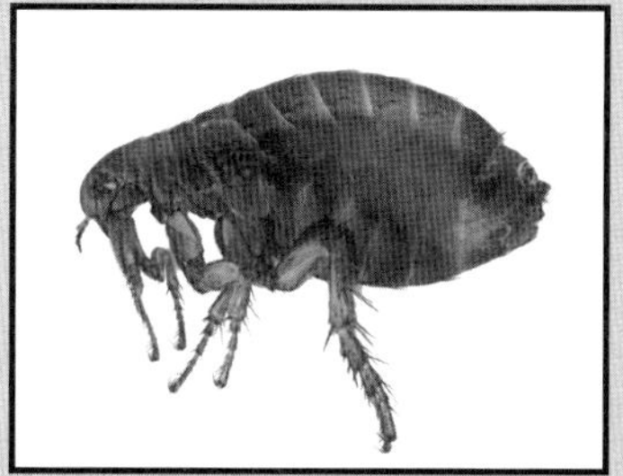

▲ 跳蚤的後腳很發達，能夠迅速移動。

只要說到寄生在人體的昆蟲，就一定會想到跳蚤和蝨子。由於牠們是寄生在身體的外部，所以有時候也被稱為「外寄生蟲」。

跳蚤的特徵在於牠們的皮膚很堅硬，沒有翅膀，並且用細長的口器吸血。不只是人的，牠們也會寄生在狗或貓等寵物或是鳥類的身上。由於牠們的後腳很發達，所以能夠迅速的以跑或是跳來做移動。再加上牠們的身體呈流線型，讓牠們容易在宿主的體毛中活動。

此外，牠們還能夠感測到二氧化碳，方便牠們尋找宿主。一旦宿主死亡，牠們就會尋找新的宿主，繼續移動。

蝨子也同樣會寄生在哺乳類或是鳥類的身上。雖然蝨子沒有翅膀，眼睛也退化了，不過卻可以藉由吃羽毛或是吸血來攝取營養。

特別是寄生在人類頭髮上的「頭蝨」，或是衣服上的「衣蝨」，統稱為「人蝨」。頭蝨是以像黏著劑般的東西把卵黏在頭髮上，所以不容易拿下來。經過一週後卵就會孵化，又有成蟲出現。因為如此，很難完全去除，得從頭到尾一個個的翻撿出來清除乾淨才行。所以在日文中，有一句成語「虱潰し（Shirami Tsubushi）」意思是徹頭徹尾，就是以找頭蝨來做比喻的。

雖然跳蚤和蝨子很像，不過跳蚤是有蛹期的完全變態，蝨子則是不完全變態的昆蟲。

特別專欄

跳蚤夫婦？

跳蚤的體型是雌性比雄性大，因為如此，在日本就把妻子的個頭比丈夫大的夫妻稱為跳蚤夫婦。可是其他的昆蟲中也還有許多昆蟲的雌性身體比雄性大呀！也許是由於牠們是人類日常生活中常見的昆蟲，才被拿來當例子使用吧！

其他還有好多好多、各式各樣的昆蟲

在此一併介紹幾種有趣的昆蟲。

蠼螋的日文名是「剪刀蟲」，而蟲如其名，牠們是具有大「剪刀」的昆蟲。那「剪刀」是由發達的尾毛演化而來的，在牠們想要捕捉獵物的時候就會彎曲身體，把位於屁股那邊的剪刀伸到頭部這邊來。

另外，石蛃是一種原始的昆蟲，雖然和其他昆蟲一樣在腹部有六隻腳，不過牠們另外還長有十六根像小腳般的東西。一般認為那是牠們的祖先所具有的腳的痕跡。而且牠們的身體也像蝴蝶那樣的被鱗粉包覆住，能夠以腹部拍打地面跳躍。

應該有不少人聽過蟻獅這種動物的名字吧！雖然牠們能夠挖洞，把砂子撒到螞蟻身上加以捕捉，卻具有不能倒退走路的缺點。其實蟻獅是黃腳蟻蛉這種昆蟲的幼蟲。在以蟻獅度過幼蟲階段之後，會在土或砂土中結繭成為蛹，然後羽化成為黃腳蟻蛉。

地球上還有許許多多的昆蟲棲息著。其中也有許多雖然沒有受到注目，卻具有獨特且非常有趣特徵的昆蟲，所以請大家自己進一步調查看看吧！

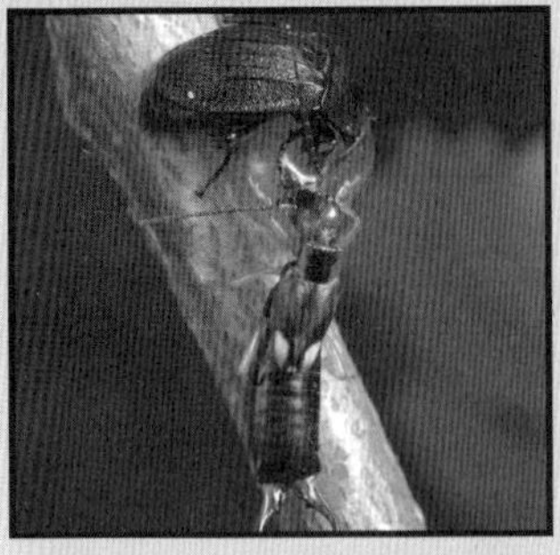

▲ 蠼螋正在吃牠捕捉到的獵物。

▲ 切葉蟻具有栽培菌菇的習性。

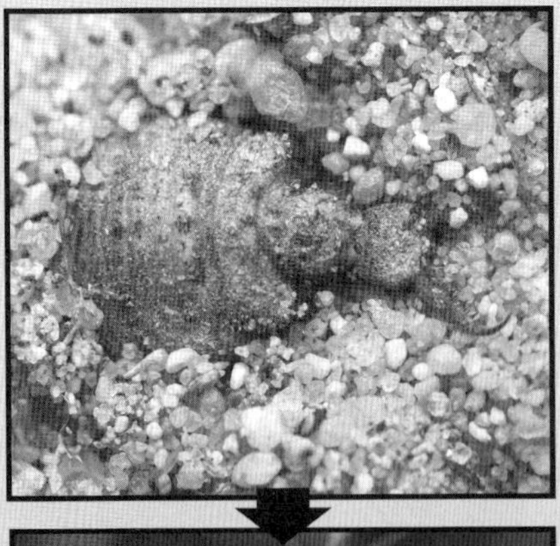

◀ 上圖是蟻獅，在不會淋到雨的乾燥地面經常可見。在那以後會變成蛹，羽化之後就變成下圖的黃腳蟻蛉。

蜘蛛絲鋼索

※啪啪啪
哇~~小夫好厲害喔！
パチパチ
我還可以這樣呢！
真厲害。
ひょいひょい
※晃
我辦不到啦…
你可以啦~
這很簡單。
你看吧。
真的很簡單呢！
只有大雄辦不到。
你怎麼了啊？
為什麼要哭啊？
什麼啊，
你就為了這種無聊的小事哭啊？

終極昆蟲發現機Q&A

Q 在蠍子類之中，有一些物種在照射紫外線之後就會發光。這是真的嗎？

A

真的。所有蠍子在用黑光燈照射下都會發綠光，這是和蠍子相近的其他物種都沒有的特徵。

變得比他們更厲害不就得了嗎？
「蜘蛛絲鋼索」
先把這個裝在屁股上…
肚子用力就會跑出鋼索喔！
看起來好奇怪。
鋼索會隨著風勢越變越長。
來！走看看。
我不敢啦。
過來就對了。
我不敢啦…
哇啊啊……

終極昆蟲發現機Q&A

Q

由於馬陸這類的動物都是在土上走動，所以都是黑色的。這是真的嗎？

A

假的。名為粉紅龍馬陸（*Desmoxytes purpurosea*）的這種馬陸，全身從頭到尾都是粉紅色的喔！

這裡比我們平時玩的空地還大呢！
咦？
你們看……
那不是大雄嗎？
真的是大雄耶。
スゥ
※掉落
各位。
想來蜘蛛網遊樂園玩嗎？
鋼索絕不會斷掉、也不用怕會掉下去，可以安心玩耍喔！
我們也想玩。

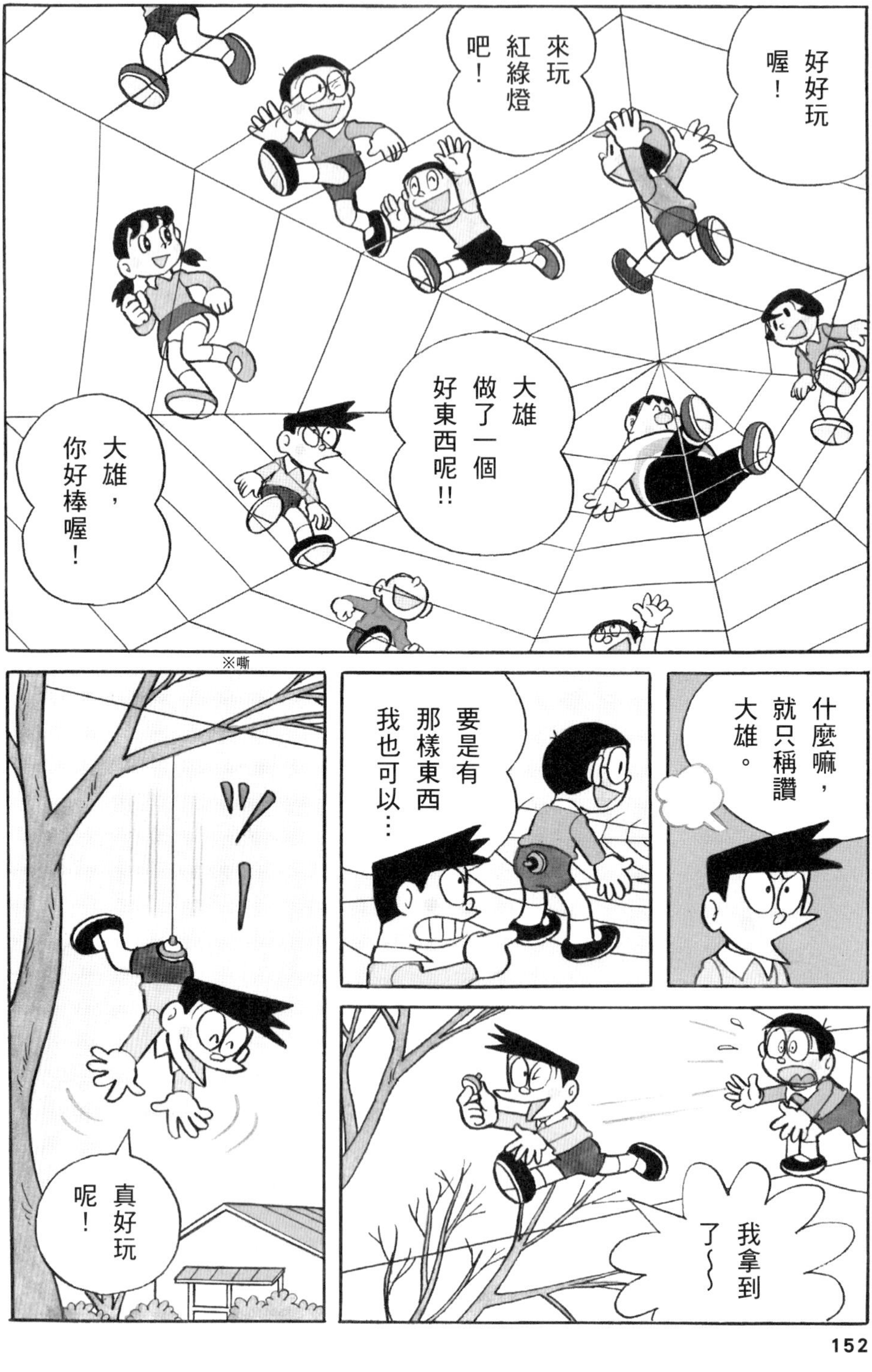
好好玩喔！
來玩紅綠燈吧！
大雄做了一個好東西呢!!
大雄，你好棒喔！
什麼嘛，就只稱讚大雄。
要是有那樣東西我也可以…
我拿到了~~
※嘶
真好玩呢！

終極昆蟲發現機Q&A

Q 有很多隻腳的蜈蚣，大型的全身可以到多長？①10公分②30公分③1公尺

※碰
ドサ
他在那裡！
他在那裡！
好…在這裡拉一條鋼索…
等會就可以用鋼索絆倒他們。
※喇叭聲
ブブウ
？
把褲子還給我啊!!

A ②30公分。分布於南美洲的祕魯巨人蜈蚣（*Scolopendra gigantea*）是體長可以超過30公分的巨大蜈蚣。

不是昆蟲的「蟲子」們

鋼索出現。

Check! 注意　悅目金蛛（雌）的身體構造

屬於節肢動物門螯肢亞門的蜘蛛類和昆蟲不同。蜘蛛的腳有四對八隻，身體大分為頭胸部與腹部兩節。不具觸角及複眼，在頭胸部上有8個單眼。具有大螯（大顎），有些物種在這個部分帶有毒性。蜘蛛類幾乎全都是肉食性的，會捕捉昆蟲和小動物來吃。

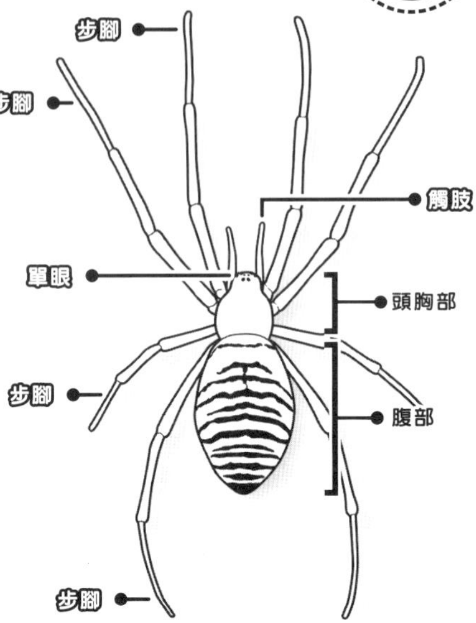

步腳
步腳
觸肢
單眼
頭胸部
步腳
腹部
步腳

插圖／加藤貴夫

許多動物都是節肢動物門的成員

具有外骨骼、身體有分節的構造、腳上有關節，包含昆蟲在內，具備這種特徵的生物被整個歸於節肢動物這個巨大的分類群之中。從化石的研究，認為牠們是從五億年以前的遠古時代就已經開始繁榮了。現在全世界已經確認的物種有一百二十萬種以上，而當中已經被命名的動物之中，居然有八成以上都是節肢動物呢！

節肢動物系統圖

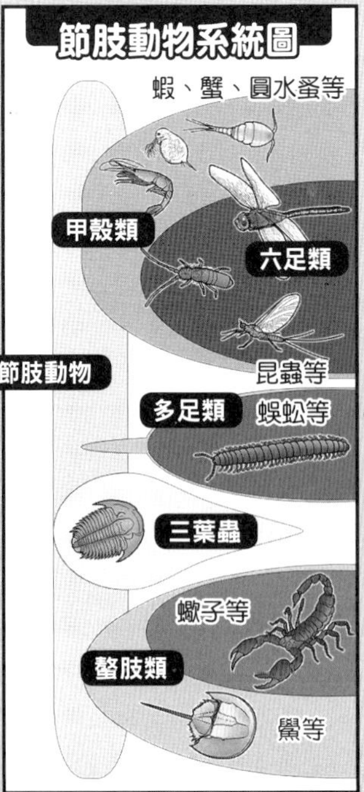

蝦、蟹、圓水蚤等
甲殼類
六足類
昆蟲等
節肢動物
多足類
蜈蚣等
三葉蟲
蠍子等
螯肢類
鱟等

插圖／加藤貴夫

蜘蛛、蟎、蠍子稍微有點可怕的生物們

蜘蛛類的最大特徵，是會吐絲。從位於腹部的絲腺製造出來的液體，在釋出之後就會變成蜘蛛絲。雖然只要講到蜘蛛，大家就會聯想到蜘蛛網，不過會結網張網、等待獵物自投羅網的造網性蜘蛛，大概占整體的三分之二，其餘三分之一則是不張網，而四處走動捕捉獵物的徘徊性蜘蛛。除了在森林與草原生活外，牠們也適應了高山、溼地、沙漠以及人類居住的都市生活，在各種不同的環境中都能夠發現牠們。蜘蛛及其同類在節肢動物中是屬於螯肢類。以會吸血的害蟲而知名的蟎類，棲息處從地下到其他的生物身體上都有，是比蜘蛛所能適應的環境還要多樣的螯肢類動物。

具有毒性的尾部尖端，朝著頭部方向向前彎曲，以此特徵著名的蠍子，也和蜘蛛及蟎一樣是螯肢類動物。雖然在日本只有沖繩縣八重山諸島等地有兩種分布而已，但是蠍子的祖先卻是早在距今四億年前便已出現在地球上，是在陸上生活的節肢動物中，具有最古老特徵的動物。

同樣具有古代特徵的生物，還有棲息在海中，被稱為「活化石」的鱟。雖然牠們的外觀和蜘蛛以及蠍子有很大的差異，卻也同樣是螯肢類的成員。

橫帶人面蜘蛛的成長

在春天孵化的小蜘蛛，會先花10天左右的時間過著稱為「團居」的共同生活，然後再藉由吐出長絲，讓自己隨風而飛的「空飄」行為分散出去。

獨立的小蜘蛛會張網捕捉獵物，在反覆經過七至八次的蛻皮之後，在秋天變成成體。在秋天有時會結直徑大約為一公尺的網。

▼ 被稱為活化石的鱟。

▼ 分布於日本沖繩縣八重山諸島的澳洲鍊蠍（八重山蠍）。

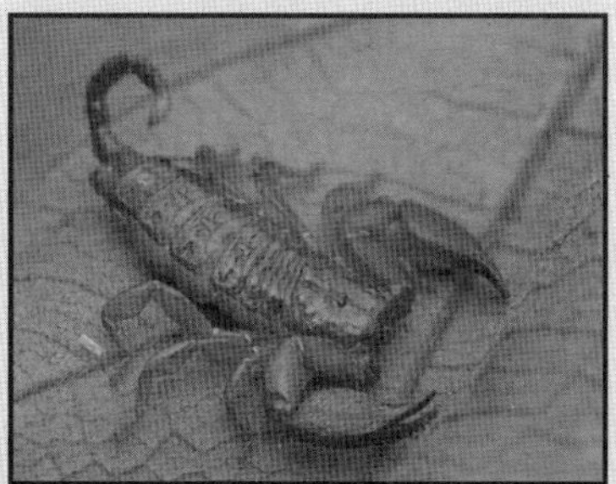

從被嫌棄的生物到高級食材，都有昆蟲「親戚」

蜈蚣、馬陸、蚰蜒有好多隻腳的多足類

蜈蚣在古時候又被稱為「百足蟲」，牠們就像這名字所顯示的，是有很多隻腳的生物，屬於節肢動物的多足類動物。

蜈蚣的外觀可以大概分成頭部與身體，在頭部有一對共兩根的觸角，並且具有可以釋出毒液的「顎肢」。

雖然蜈蚣的毒性並沒有強到可以致人於死，不過被咬的話也十分疼痛。牠們的身體分成二十一或是二十三個體節，每個體節有一對腳。也就是說，普通蜈蚣（蜈蚣科）的腳是四十二或四十六隻。然而在蜈蚣的近緣種地蜈蚣類之中，也有具一百七十七對三百五十四隻腳的物種存在。

插圖／佐藤諭

▲日光的戰場之原上，有神明變身成蜈蚣和蛇在戰鬥的傳說。

蚰蜒也是屬於多足類，在日本有花蚰蜒及大蚰蜒這兩種的分布。雖然花蚰蜒大概是三公分長，不過大蚰蜒則可以長到六公分以上，把腳張開的話可以有成人的手掌那麼大。當牠們像是打浪那樣用牠們的三十隻腳跑步時，動作是意外的迅速。蜈蚣和蚰蜒類是肉食性，以捕捉昆蟲為食。

雖然長得很像蜈蚣，但是馬陸類卻是以腐植土或是蕈類為食。

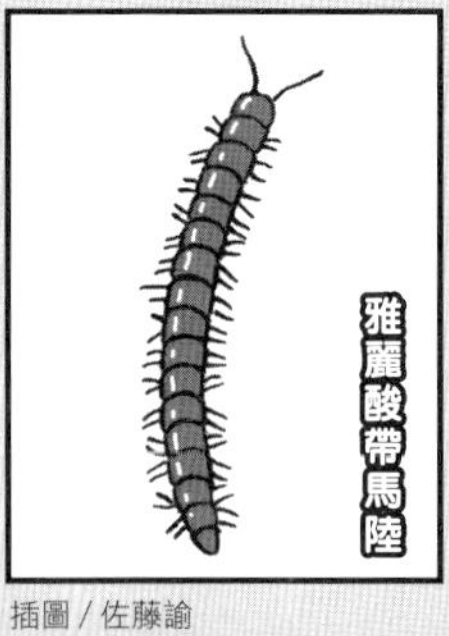
雅麗酸帶馬陸

插圖／佐藤諭

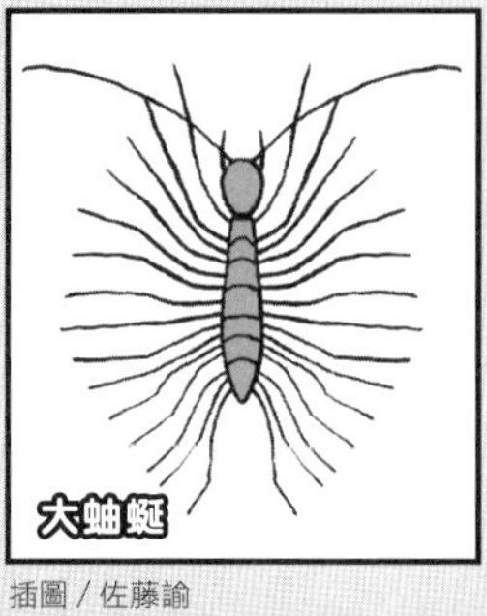
大蚰蜒

插圖／佐藤諭

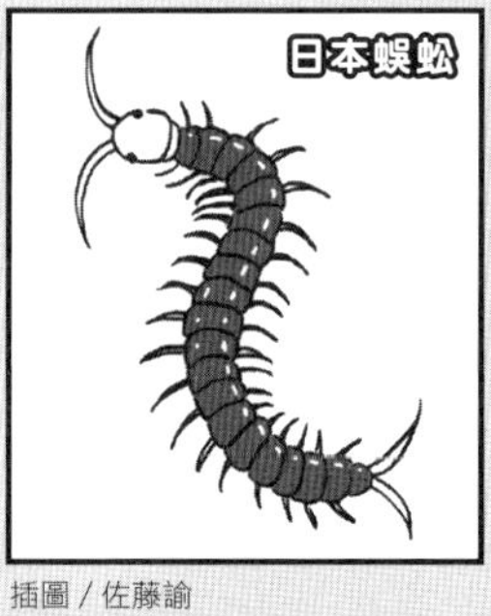
日本蜈蚣

插圖／佐藤諭

蝦和蟹是同類 鼠婦是甲殼類

你應該知道一受到驚嚇就會縮成一團的鼠婦吧！長得和鼠婦很像卻不會縮成一團的是別名草鞋蟲的球鼠婦，牠們都有七對十四隻腳。棲息在岩石海岸邊的海蟑螂也是同類，稱為甲殼類。在以基因做遺傳解析所做出的最新分類結果，認為包含昆蟲在內的六足類，都是泛甲殼類的一個成員。

相對於在陸地上大為繁盛的昆蟲，甲殼類則是在水中非常繁榮。雖然牠們的數量沒有昆蟲那麼多，但是在日本已知大約有九千種。在日本近海水深六百公尺左右的海底，有體長可達十五公分、稱為大具足蟲的巨大鼠婦近緣種棲息著。

棲息在海裡的甲殼類當中，有很多都是被當成高級食材食用的物種。例如蝦和蟹，以及看起來很像貝類的藤壺都是屬於甲殼類。大具足蟲其實也是可以吃的，而且牠們吃起來的味道和螃蟹很像哦！

插圖／佐藤諭

▲棲息在石頭等岩石的下面。

插圖／佐藤諭

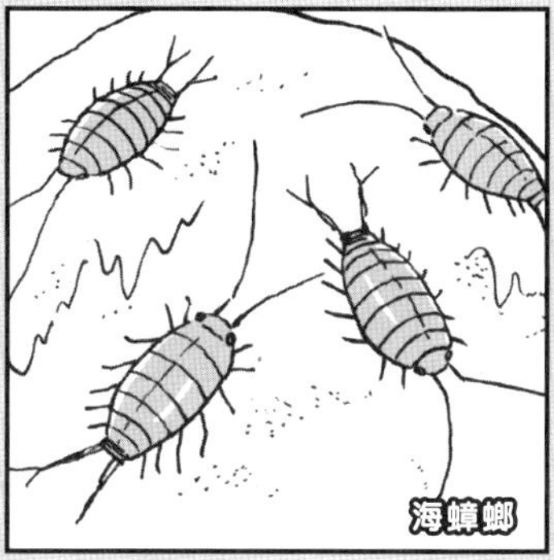

▲海蟑螂的動作意外迅速。

插圖／佐藤諭

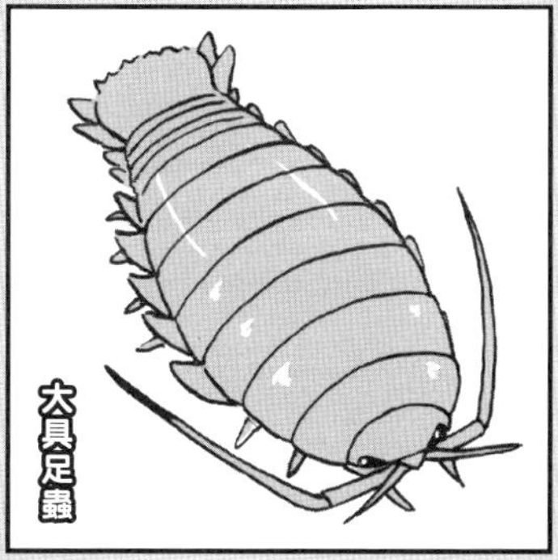

▲棲息在水中的巨大鼠婦。

插圖／佐藤諭

插圖／佐藤諭

插圖／佐藤諭

世界昆蟲大收集

哇啊，你收集好多喔。
一定下了不少功夫吧！
要找到特殊品種，就要到各個百貨公司……
百貨公司？
原來不是你自己去抓的啊？
誰會花那種功夫去抓蟲啊！
你一隻都沒有，臭屁什麼!!
我就去收集更多更特殊的給你看!!

好啊，我等一下就去看!!
好啊，不來的是烏龜!!
你真的有辦法嗎？
包在我身上。
我會收集得像山一樣多，也會分給靜香。
哆啦A夢～
大話都說了，
給我「輕鬆收集世界特殊昆蟲機」吧！
沒有!!
沒有!?
怎麼可能沒有？我以為哆啦A夢一定有辦法……
我說沒有就是沒有!!

Q 在南極沒有昆蟲分布。這是真的嗎？

A 假的。有小型的搖蚊類喔！幼蟲期有2年是在冰裡面度過，以成蟲型態活著的日子則只有10天左右。

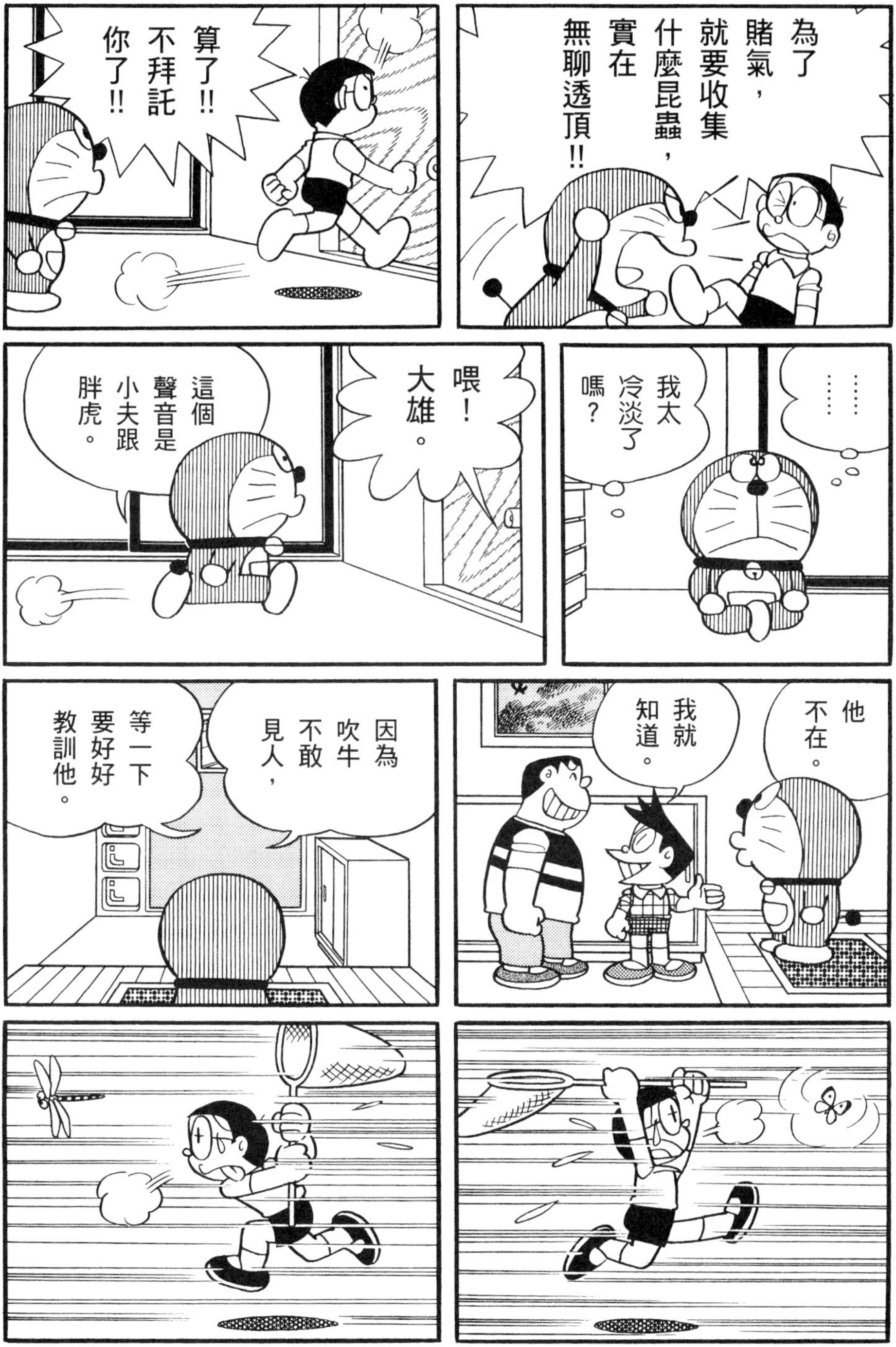

看來你很辛苦嘛。
雞婆，不關你的事!!
「昆蟲噴霧器」。
※碰
ポ
連哆啦A夢都抓不到。
沒關係，
雖然看不到，但是已經做好記號了。
我連一隻都沒抓到耶。
回家吧！
咦？

Q 在泰國會販賣大型的水生昆蟲——田鱉，作為食用。這是真的嗎？

剛剛的蝴蝶……
在昆蟲箱裡。
沒有裝玻璃或網子會飛走吧？
不必擔心，
本來就不在這裡面。
？
現在牠還在後山自由飛翔呢。
不過因為作了記號，不管牠飛到哪裡，都可以從「昆蟲觀察箱」中看到。
你看！牠飛起來了！
不管大小都可以播放。

A 真的。油炸過的田鱉是很受歡迎的路邊攤零食。但是日本的田鱉目前正面臨瀕臨絕種的危機。

終極昆蟲發現機Q&A

Q 蟬的近緣種中，被認為是世界最大的帝王蟬體長約多少？①5公分 ②7公分 ③10公分

A ②大約7公分。展開翅膀後的大小約在20公分左右，牠們分布於東南亞，叫聲也非常吵鬧喔！

哇啊!!
居然收集到這麼多昆蟲……
而且全部都活生生的在動。
好像是去國外抓蟲了。
看來可以抓到特殊的蟲。
接下來到下個地點去吧！
要抓什麼蟲好呢？

終極昆蟲發現機Q&A

Q 在日本雖然是鍬形蟲的種類比較多，但如以全世界來看，則是兜蟲比較多。這是真的嗎？

A

真的。兜蟲約有一千六百種，鍬形蟲則為一千五百種。兜蟲以南美洲為多，鍬形蟲則以亞洲為多。

枉費我收集那麼多，小夫他們竟然沒來看。
嗚……嗚……
昆蟲箱裡有哭聲……
嗚……哇嗚……
是這個吧！
「任意門」不見了，回不去了啦！

熱帶雨林是昆蟲的樂園

現今已知的昆蟲種類已經超過一百萬種，占了到目前為止已經確認的全部生物的四分之三，地球真的可以說是個「昆蟲的行星」。其中占最多的是甲蟲類，在全世界已經發現了三十五萬種以上。接下來依序是蜂類、蠅類、蝶類，分別各有大約十五萬種，非常的多。

這些昆蟲並不是平均分布在整個地球上，一般認為其中有百分之九十的昆蟲都棲息在熱帶雨林。熱帶雨林是廣布於全年氣溫都很高、降雨量也很多的地區的森林。雖然亞馬遜河流域有最有名的熱帶雨林，不過以中南美洲為首，在東南亞、中非洲也有許多熱帶雨林廣布著。以所占面積來說，熱帶雨林雖然不及地球陸地整體面積的一成，但是全世界的物種卻有一半左右都生活在熱帶雨林當中，是生物多樣性的寶庫。在這樣的熱帶雨林中，特別多的就是昆蟲，一般認為包含未發現的物種在內，實際上應該有數百萬種棲息在這裡才對。而在研究者之中，也有人認為應該會超過一千萬種。從日本已經確認的昆蟲有超過三萬種來相比較，一千萬是非常龐大的數字。這就讓人了解到熱帶雨林中究竟有多麼大量的昆蟲了。此外，不光只是物種數而已，個體數也很多。根據某個熱帶地區的調查，讓我們明確的知道光是螞蟻的生物量（全部個體的重量），就已經遠遠超過陸地上所有脊椎動物（哺乳類及鳥類、爬蟲類等）的生物量了。

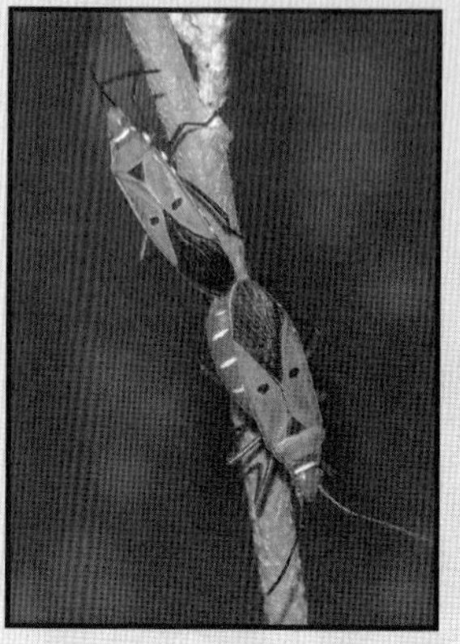

▼長得非常像人臉的人面椿象。

▼分布於東南亞的南洋大兜蟲。

廣泛分布於世界各地的昆蟲們

為什麼熱帶雨林中會有那麼多昆蟲呢？最大的原因在於那裡有許多的植物。對大多數的動物來說，植物是重要的食物，對昆蟲來說也是一樣。正如在三十二頁介紹過的，昆蟲跟植物還有更深厚的關係。

在恐龍很繁盛的白堊紀（一億四千六百萬年前至六千五百五十萬年前）登場的被子植物，使出了讓前來吃花粉的昆蟲幫自己搬運花粉、以便受粉的伎倆，爆發性的擴大了勢力。幾乎和這個同時發生的，是以植物為營養源的昆蟲也演化出多樣性，和植物一起大為繁榮。在現在已經確認的大約二十五萬種植物當中，有三分之二左右是在熱帶雨林之中。而雨林裡面之所以有許多昆蟲，正是和這個有所關聯。植物不只是在熱帶雨林而已，也廣泛分布於世界各地。然而，就像是在追趕植物一樣，昆蟲也多樣化的拓展勢力，並且讓以這些昆蟲為食的肉食性昆蟲也隨之增加。

現在，昆蟲在地球上的各種環境中都有棲息分布。例如在積雪地帶或是冰河等冰雪世界中，也能夠找到跳蟲、石蠅、步行蟲等。此外，也有生活在乾燥沙漠地帶的昆蟲。棲息於非洲納米比沙漠的擬步行蟲類，會以清晨時隨著從海洋吹過來的風而籠罩沙漠的霧來沾溼身體，並以倒立的姿勢把水分集中到口部，幫自己補給水分呢！

▲ 以身體收集水分，沙漠中的擬步行蟲。

特別專欄

即使乾燥也不會死？

棲息於非洲乾燥地帶的搖蚊——嗜眠搖蚊的幼蟲，是一種即使棲息場所的水塘乾了，也能夠只以 3% 水分的這種木乃伊般的乾燥狀態休眠，是具有非常驚人能力的昆蟲。當水開始變乾的時候，牠們就會在體內累積海藻糖這種糖類，以此保護構成身體主要成分的蛋白質，讓它不會乾燥。在實驗中更確認到，在休眠長達 17 年之後幫牠們加水，牠們就會再度開始活動。不只是乾燥而已，據說牠們在攝氏 100 度的高溫中也能夠待 1 分鐘；在攝氏零下 270 度的低溫中也能夠耐受 5 分鐘呢！

形狀與生活方式皆五花八門——世界上的珍稀昆蟲

世界上最大的昆蟲是什麼？

一般昆蟲的大小都在幾公分左右，和其他的動物相比，是以比較小型的物種居多。雖然在白堊紀時期也有像大繁榮的恐龍般，以讓身體變大的方式來站在陸地生態系頂點的動物，但是我們可以說昆蟲反而是活用牠的小身體而繁盛的。身體小，需要的食物量也不必太多，為了生存的必要空間也小小的就夠了。大型動物在成長時需要花很長的時間，但是小小昆蟲的成長速度很快，有許多物種都不需要花什麼時間就能夠變成成蟲。此外，每個物種的生態棲位也很容易劃分，於是就有可能讓許多的物種與個體在有限的場所中生存。當然，被大型動物吃掉的危險性也很高，不過只要體型夠小，躲起來不讓敵人看見的話，要存活下來也不是太困難的事。

▲竹節蟲當中身體長度最長的也有超過 30 公分。

在這些昆蟲之中，也有會長到很大的物種。世界上最大的昆蟲，是分布於東南亞婆羅洲島上的曾氏巨竹節蟲（*Phobaeticus chani*）。大型的體長可以超過三十公分，把腳伸直以後可達五十幾公分。牠們是以細長的身體對樹木的枝條做擬態來防身。在甲蟲中的世界最大級，是長戟大兜蟲，大型的可以長到十五公分以上。獨角仙是比較大型的昆蟲，其中最重的是大象大兜蟲（雌），體重可達五十公克左右。世界最重的甲蟲是大王花金龜（*Goliathus goliathus*），體重可達一百公克左右。在蛾類之中以大型而最廣為人知的是皇蛾，據說展開翅膀時的大小將近三十公分。

雖然大型的昆蟲以熱帶及亞熱帶為多，不過在日本的溫帶地區中也有世界最大級的蜂，那就是日本大虎頭蜂。牠們具有強烈的毒性，也被認為是「世界上最危險的昆蟲」。

異想天開，非常不可思議！各式各樣的昆蟲形狀

雖然昆蟲的數量很多，牠們的形狀也實在相當豐富多樣。當然，牠們的形狀和花紋都是有意義的。例如螳螂那對像鐮刀般的大型前腳，是用來捕捉獵物的強力武器。鍬形蟲的大顎，是爭奪領域時所不能缺少的。蝴蝶和蛾的翅膀上的眼斑花紋，能夠對牠們的鳥類天敵產生嚇阻作用。發出七彩光芒的吉丁蟲身體、螢火蟲的發光等，都是在尋找交配對象時很有用的展示。對生物來說，沒有意義的東西只是能量的浪費，具有無謂特徵的生物是很難苟延殘喘生存下來的。乍看之下好像沒有用處的形狀或花紋，對該種昆蟲來說一定是在生存上極具必要性。

話說回來，其中也有真的不知道是否為必要的特徵。當中的代表是角蟬的奇特形狀。目前已知以中南美的熱帶地區為中心，全世界大約有三千種左右的角蟬，其頭部的角，有伸長成板狀的、球狀的，非常的五花八門。但是那究竟是用來做什麼的，到目前仍不清楚。由於大型的角成為障礙，所以牠們並不擅長飛行。雖然也有人認為那可能是在對枯葉或是昆蟲蛻下來的殼做擬態，好讓敵人不會發現自己，不過牠們那奇特的角的意義目前仍然是個謎團。

▼ 幾乎為實際大小的長戟大兜蟲。

▼ 形狀很不可思議的角蟬之一。

昆蟲們令人驚訝的生活方式

從保護自己不被天敵發現的擬態，到尋找繁殖對象的技術等，昆蟲生活方式的巧妙程度真是令人驚訝。其中有像蜜蜂或是螞蟻類，會在群體中分工合作，負責不同任務的經營社會生活，或是像日本革土椿（*Macroscytus japonensis*）或是小蠹蟲般的育幼景象，真的就像是在看人類社會的縮影。

也有和這些社會性昆蟲不同，會構築可怕群體的昆蟲。在非洲等地引發大騷動的沙漠飛蝗（*Schistocerca gregaria*），雖然牠們在乾季的時候是單獨生活，但是到了雨季就會成群移動並且把草地或是農作物通通吃得一乾二淨。這個時候在群中誕生的世代，會成長為「群生相」。這種適合做長距離移動的外觀，個性也比較凶猛。這樣的群體就不是大家同心協力的社會，而是只顧自己是否能夠存活的凶暴集團。

插圖／佐藤諭

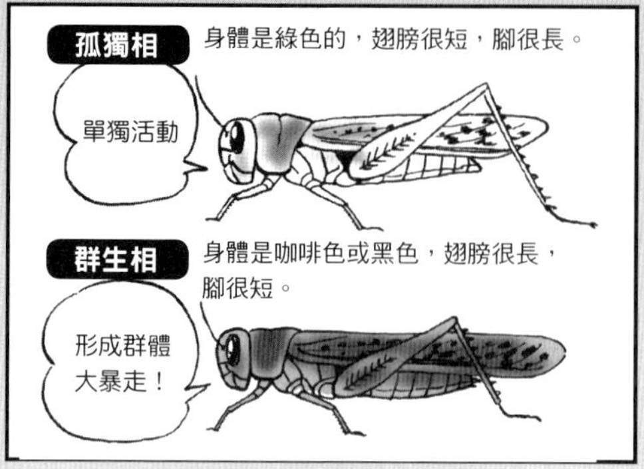
孤獨相
身體是綠色的，翅膀很短，腳很長。
單獨活動
群生相
身體是咖啡色或黑色，翅膀很長，腳很短。
形成群體大暴走！

▲成群把農作物給吃得精光的沙漠飛蝗（非洲）。

◀根據數據顯示，全世界有約百分之十的人口受沙漠蝗蟲所害。

© Mirek Kijewski/Shutterstock.com

特別專欄　糞金龜是神的使者

為金龜子近緣種的糞金龜，由於會用後腳推滾哺乳動物的糞便，所以也被稱為屎蜣螂。這類昆蟲會把糞球埋到地下，在裡面產卵。孵化的幼蟲會借助體內微生物的力量來分解糞便，當成自己的營養源。會吃大便的金龜子類另外還有不少，牠們扮演了自然界清道夫這種重要的角色。從前在澳洲曾經為了要處理被引進做為家畜的牛和綿羊的糞便而傷腦筋，最後只好從海外引進會吃糞便的糞金龜，才解決了這個問題。此外，古代埃及還把糞金龜當成聖甲蟲來崇拜。

標本採集箱

我收集的是植物標本。
我的是昆蟲標本。
我的是貝殼。
哇~靜香收集好多喔。
我的也很厲害啊。
好多稀有昆蟲呢。
啊，這隻閃蝶是巴西產的？
這隻長腳天牛是祕魯產的。
原來你是去百貨公司買的啊。
要自己收集才行啦。
那你是自己收集的嗎？
當然啊。
這是什麼？
怎麼都是花蛤和蜆啊？

終極昆蟲發現機Q&A

Q 在採集聚集過來吸食樹液的昆蟲時，應該注意的蟲是什麼？①螞蟻 ②胡蜂 ③蟑螂

A

②胡蜂。具有毒針的胡蜂也很喜歡樹液，為了採集獨角仙而進入雜木林時要多加注意！

他是從湯裡撈的吧！
好想要可以向大家炫耀的標本喔。
那你慢慢收集啊。
我現在就想要。
你每次都只會說這種話。
我是有可以輕鬆採集到標本的道具啦。
「標本採集箱」。
不論是昆蟲、植物、動物，它都能幫你採集到真正的標本喔。
例如，你想要鳳蝶的話……
昆蟲圖鑑
昆蟲圖鑑
先找出圖片或照片。
カチ
※喀啦

※咚
パッ
啊！是鳳蝶。
這是真的嗎？
可是不會動耶。
在箱子裡面是不會動的。
看完以後再按下按鈕。
カチ
※喀啦
消失了。
這樣牠就能回到原來的地方自在飛行了。
借我借我。
不要。
這種事情要靠自己努力收集才行……
動物
※喀啦
カチ
喂…你要做什麼？
※咚
パッ
呀啊啊！

終極昆蟲發現機Q&A

Q 在採集昆蟲時使用的「捕蟲網」以白色最為合適。這是真的嗎？

※喀嚓

A 假的。蝴蝶喜歡花的顏色的網子，呈保護色的綠色網子等或市面上有販賣著各種不同顏色的網子喔！

出現了!!
好漂亮的獨角仙。
就這樣繼續收集吧。
昆蟲圖鑑
再拿去炫耀吧。
喔！小夫，
你手上拿什麼？
好稀有的昆蟲喔！
沒有啦，這些不算什麼。
這些給我囉。
不、不可以啦!!
那是什麼？
昆蟲標本。
給我看看吧！反正一定不是什麼好東西。

終極昆蟲發現機Q&A

Q 日本最古老的昆蟲標本是大約在哪個時期製作的呢？

①520年前 ②180年前 ③15年前

A ②約180年前。由江戶時代的旗本武藏石壽所製作的昆蟲標本，至今仍然保存於東京大學的農學院中。

對了……
這要怎麼用啊。
我來教你吧。
喔！快點。
※啪戚
カチ
先把胖虎的照片……
他變成標本了。
先放著不管他吧。
〔胖虎〕
日本產的
粗暴生物

出門「採集昆蟲」去！

我一直很想要呢!!

首先，從準備開始

學習到昆蟲的知識以後，接下來就實際去採集昆蟲吧！經由自己的眼睛仔細觀察、觸摸、讀書或是看照片，應該能夠發現到一些原本不知道的事情吧！

為了能夠和自己喜歡的昆蟲相遇，在出門前就有必要先對該種昆蟲活動的時間帶、季節以及場所等做預習。不過即使如此，有時候也還是很難發現牠們的蹤跡。為了能夠在採集現場確切找到昆蟲的所在位置，某種程度的經驗是有必要的。有時間就到森林或樹林裡去，終於看到尋找的昆蟲時的那種感動，真的是無法言喻的。

第一次的昆蟲採集，並不需要很多的裝備與道具。請參考下面的插圖，做最低限度的準備，然後就出發到附近的公園、樹林、草叢去吧！

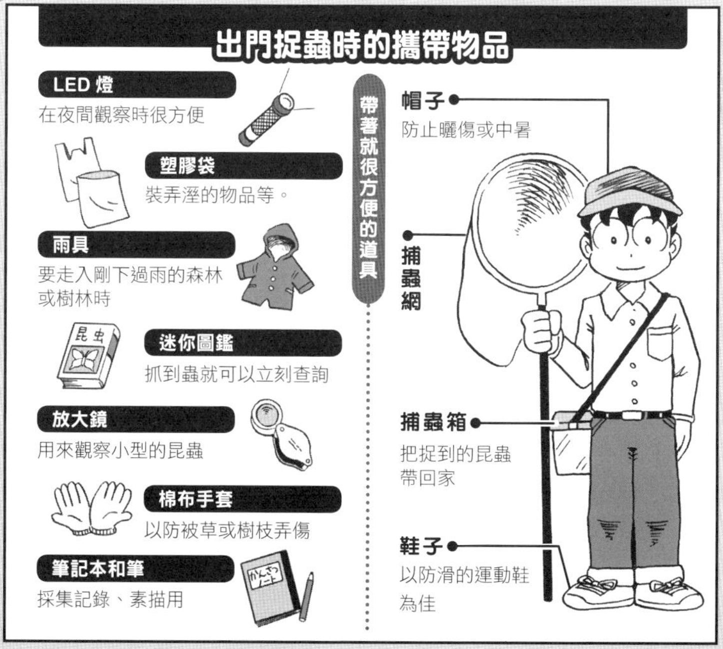
出門捉蟲時的攜帶物品
LED燈
在夜間觀察時很方便
塑膠袋
裝弄溼的物品等。
雨具
要走入剛下過雨的森林或樹林時
迷你圖鑑
抓到蟲就可以立刻查詢
昆虫
放大鏡
用來觀察小型的昆蟲
棉布手套
以防被草或樹枝弄傷
筆記本和筆
採集記錄、素描用
帶著就很方便的道具
帽子
防止曬傷或中暑
捕蟲網
捕蟲箱
把捉到的昆蟲帶回家
鞋子
以防滑的運動鞋為佳

插圖／佐藤諭

我的也很厲害啊。
好多稀有昆蟲呢。

調查昆蟲聚集的地方

在我們周遭的大自然中就有許多昆蟲棲息著

自己家附近的公園或雜木林、學校校園裡的植栽等，這些我們周遭的自然環境，都可以仔細的觀察看看。應該就可以發現，在我們平常毫不在意就路過的場所中，其實就有很多的昆蟲棲息著。若是在一次次的觀察後，能夠發現到不同的昆蟲，其實是棲息在各自喜歡的不同特定環境中的話，就已經很了不起了。你的昆蟲採集技術，可以說是相當高段了呢！

只不過對於蜂類等危險昆蟲，還是要充分的小心注意。禁止進入的場所不應闖、不靠近危險場所等注意事項，也是要好好的遵守。

遵守規則以策安全

插圖／佐藤諭

▲不可以任意的傷害大自然，危險的場所也不可以靠近。

樹幹
蟬等。
樹液
獨角仙、鍬形蟲等。
泥土上、草間
瓢蟲、虎甲蟲等。
朽木、枯草
鍬形蟲的幼蟲、天牛等。
花
蝴蝶等。

在森林或樹林中找蟲的關鍵

插圖／佐藤諭

在都市中的公園也可以「捕捉蟬的幼蟲」

「捕捉蟬的幼蟲」是在綠地不多的都市中，不需要特別的道具也能挑戰的昆蟲採集之一。

蟬在誕生之後會花好幾年的時間以幼蟲的型態在土裡面度過，成長以後為了要羽化就爬出來到地面上。請在公園或校園裡面找找看，幼蟲在這種時候會挖出直徑大約一公分左右的洞。只要在大樹下草不多，土很硬的地方找，應該就可以發現。

插圖／佐藤諭

觀察蟬的羽化

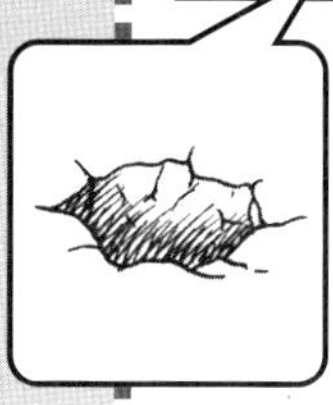

① 幼蟲在土裡面

準備在那天夜晚羽化的幼蟲，會在傍晚從土裡鑽出來，這時就是找到牠們的最好時機。請在有蟬鳴叫的樹下尋找「小洞」。

② 把牠從洞裡趕出來

找到洞以後，用小樹枝慢慢的把洞擴大，以免土掉進洞裡。發現幼蟲以後，讓牠抓住樹枝，輕輕的把牠提上來。

棲木

把直徑 2 ～ 3 公分，長度 60 公分左右的樹枝或木棒斜斜的插進去。

③ 帶回家觀察

把棒子插進裝了土的盆栽裡，讓幼蟲攀在棒子基部後，牠就會開始自己往上爬。

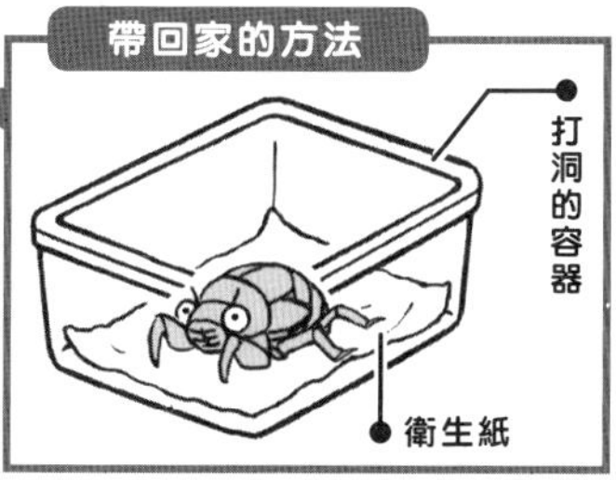

▶ 到翅膀完全展開為止的時間大約為 1 小時。不要摸牠，耐心的觀察等待。

捕捉獨角仙

白天在樹蔭下休息

如果因為昆蟲採集而已經習慣到森林或是雜木林去了之後，請一定要試著挑戰捕捉獨角仙。

獨角仙棲息在麻櫟、枹櫟或是柳樹的周邊。牠們白天是在高高的樹上，或是積得厚厚的落葉下方靜靜待著，到了夜晚再為了吸食樹液等而出動。雖然也可以依賴樹液的酸甜香氣，或是在周圍飛舞的蝴蝶為線索而找到牠們停棲的地方，不過這裡就介紹利用獨角仙在夜晚活動的習性來採集的方法。

插圖／佐藤諭

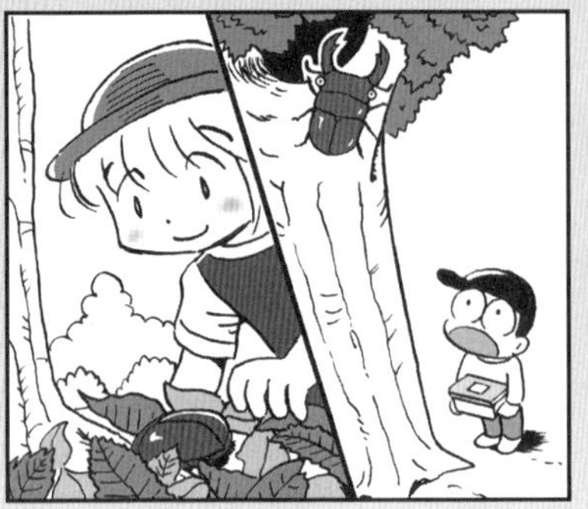

◀獨角仙是夜行性動物。白天會在不易被天敵發現的場所休息。

利用「陷阱」捕捉

某種生物天生的行為模式或是性質稱為「習性」，而利用習性誘引昆蟲加以捕捉的方法則稱為「陷阱」。以獨角仙來說，設置陷阱的關鍵在於時間和場所。預測在日落後為了找尋樹液而出動的獨角仙的「路徑」，試著設置下面的陷阱試試看。

插圖／佐藤諭

●塗蜜的陷阱

將以酒（米酒等）、乳酸飲料和香蕉混合在一起所製成的「蜜」，塗抹在獨角仙可能會造訪的樹幹上，或是把沾滿蜜的脫脂棉塞到樹木的裂縫中也可以。

寶特瓶陷阱的製作方法

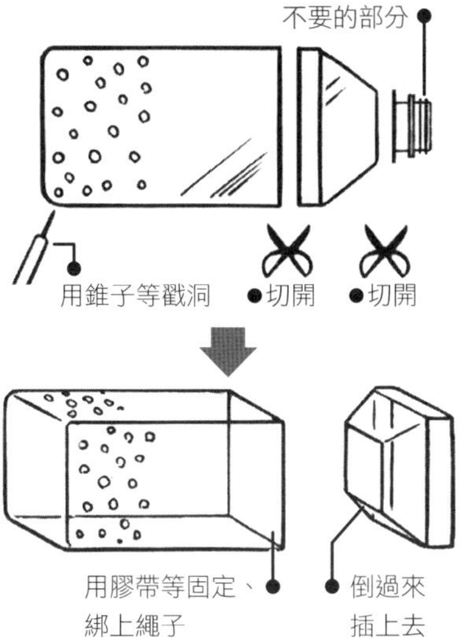
不要的部分
用錐子等戳洞
切開
切開
用膠帶等固定、
綁上繩子
倒過來
插上去

插圖／佐藤諭

陷阱2 寶特瓶

插圖／佐藤諭

●寶特瓶

利用空的兩公升裝寶特瓶製造像左圖般的陷阱，在裡面放壓碎的香蕉或是蘋果。做好後將它掛在獨角仙有可能會過來的樹木上。

特別專欄

昆蟲的飼養方法

試著在家裡飼養捕捉來的昆蟲。從走路方式到吃東西的方法等，能夠觀察到牠們的許多行為。下圖是飼養獨角仙時的必要用品。

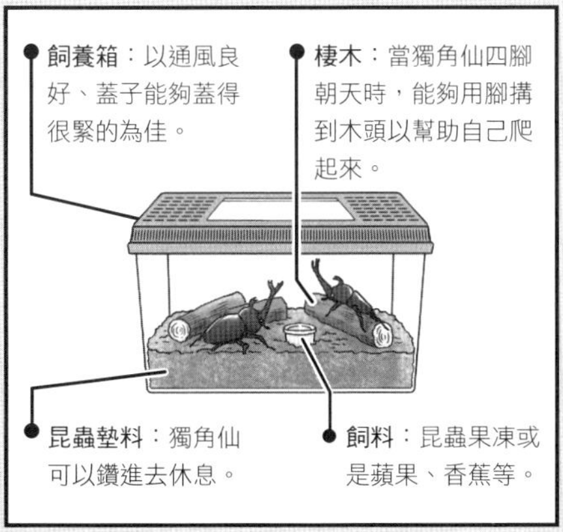
飼養箱：以通風良好、蓋子能夠蓋得很緊的為佳。
棲木：當獨角仙四腳朝天時，能夠用腳搆到木頭以幫助自己爬起來。
昆蟲墊料：獨角仙可以鑽進去休息。
飼料：昆蟲果凍或是蘋果、香蕉等。

插圖／高橋加奈子

陷阱3 以光讓牠們聚集

插圖／佐藤諭

●聚光陷阱

利用獨角仙在夜晚會聚集到有光的地方的習性。使用黑光燈等光源及白色的布製造陷阱也可以，但其實牠們也會聚集在夜晚會亮燈的自動販賣機或是路燈附近。

有生命的森林

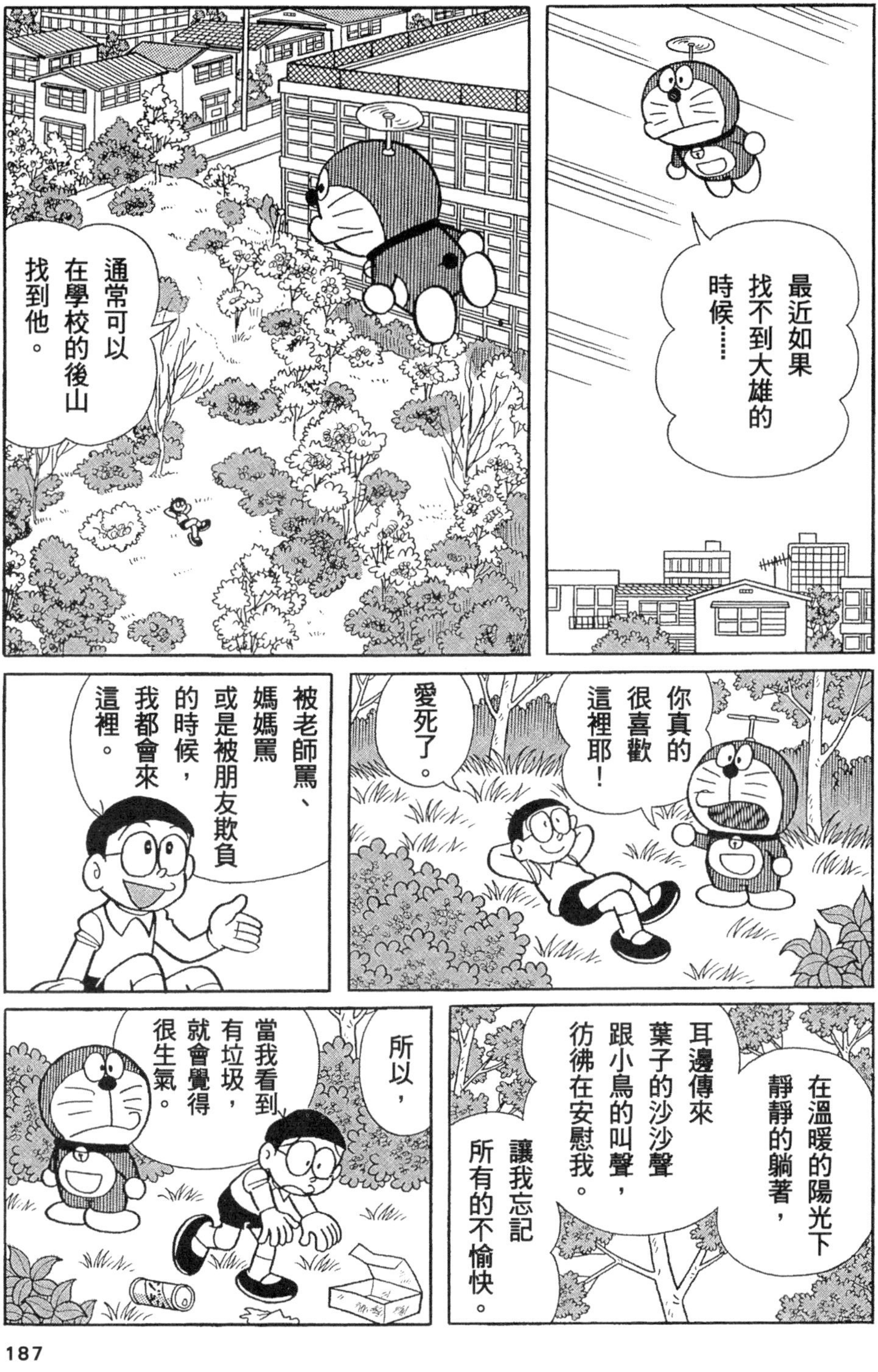
最近如果找不到大雄的時候……
通常可以在學校的後山找到他。
你真的很喜歡這裡耶！
愛死了。
被老師罵、媽媽罵或是被朋友欺負的時候，我都會來這裡。
在溫暖的陽光下靜靜的躺著，
耳邊傳來葉子的沙沙聲跟小鳥的叫聲，彷彿在安慰我。
讓我忘記所有的不愉快。
所以，
當我看到有垃圾，就會覺得很生氣。

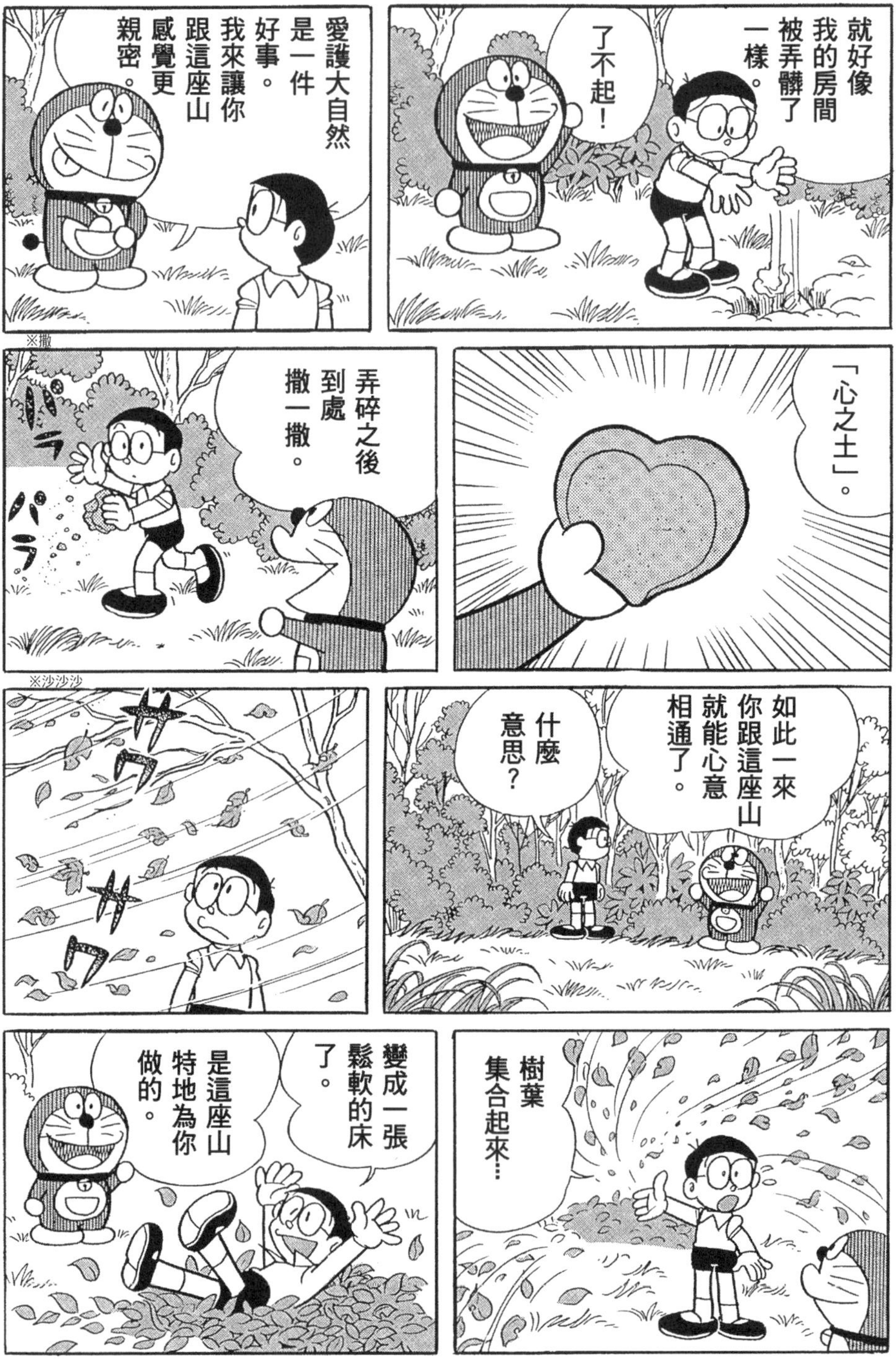
就好像我的房間被弄髒了一樣。
了不起！
愛護大自然是一件好事。我來讓你跟這座山感覺更親密。
「心之土」。
弄碎之後到處撒一撒。
※撒
如此一來你跟這座山就能心意相通了。
什麼意思？
※沙沙沙
樹葉集合起來…
變成一張鬆軟的床了。
是這座山特地為你做的。

終極昆蟲發現機Q&A

Q 在規範野生動植物國際交易的「華盛頓公約」中，並沒有昆蟲被列入管制對象。這是真的嗎？

A 假的。像南方天堂鳥翼蝶等幾種蝴蝶，都有被列入清單（公約的附錄I）之中。

你好！
※沙沙沙
サワ
サワ
喔，在回應我嗎？
先到處巡視。
清掃乾淨之後，
再好好來睡個午覺。
落葉床溼溼的。
對喔，昨天下了一場雨。
？
坐上去就可以了嗎？
哇！
※彈
※咚沙

終極昆蟲發現機Q&A

Q 有獨角仙是從台灣隨著椰子等作物進入日本，然後對農作物造成危害。這是真的嗎？

哇啊！好棒的床喔！
真舒服……
如果有帶點心來就好了。
※咚咚
好漂亮的橘色果實，我還是第一次看到。
難道妳是特地…
為了我長出來的嗎？
好吃!!
小鳥的歌聲是搖籃曲……
鼾～
喂！大雄。再不快點回家媽媽要生氣囉!!

A 真的。台灣兜蟲（椰子犀角金龜），在沖繩是被當成會對甘蔗及鳳梨等造成危害的知名害蟲。

Q

在日本很常見的紋白蝶，原本也是外來種。這是真的嗎？

A 真的。雖然是廣泛分布於世界各地溫帶、亞寒帶地區的紋白蝶，但據説是在奈良時代才隨著白蘿蔔一起從大陸到日本。

我回來了！
今天我帶來了一個禮物。
好長一段時間沒下雨了。
花草樹木都口渴了吧。
我借來了「任意水龍頭」。
大家盡量喝吧。
大雄最近怎麼了？
總是一個人不知道跑哪裡去了。
我也很擔心。
他實在是熱中過度了。

怎樣？
這是為了我長出來的耶。
不可以一直把自己關在山裡。
不要管我！
我喜歡這座山，這座山也喜歡我。
與其跟山玩，不如跟朋友玩。
不要老是睡覺，也要記得讀書。
在這座山裡，用這種口氣跟我說話，你一定會吃不完兜著走。
你看吧！
不要再來打擾我了！
他會不會太任性啦？
今晚我要徹底的教訓他！
每天都這麼晚才回家!!

Q 為了要採蜂蜜而被飼養的蜜蜂，全都是由海外被引進日本的義大利蜂。這是真的嗎？

※大聲斥責

大雄！
你要去哪裡!?
ガミ
ガミ
ガミ
我不回去了。
也不去上學了，我要一輩子住在後山裡。
你也因此感到很高興啊!!
ヒラ
ヒラ

※飄落

A 假的。日本原來就有日本蜂，也能夠從牠們那裡採到蜂蜜。不過由於牠們會棄巢等因素，所以很難飼養。

我不應該給大雄「心之土」的。
「心靈召喚機」。
山之心啊，現身吧。
モヤ
※冒煙
妳就是山之心嗎？
拜託妳，
不要再繼續接近大雄了。
不要。
我最喜歡大雄了。
滾回去！
不然有你好看。
有本事你來啊!!

終極昆蟲發現機Q&A

Q

因喜歡乾淨的河水而成為環境指標的是……？

①石蠅的幼蟲

②搖蚊的幼蟲

A ①石蠅的幼蟲。搖蚊的幼蟲在受汙染的河川中很常見。能夠讓人知道環境狀態的昆蟲，稱為「指標昆蟲」。

※消失

無論如何我都要把大雄帶回去!!
拜託妳，為了大雄好…
スゥ
原來是哆啦A夢啊！
三更半夜的你在幹什麼啊？
叫我下山!?
你又要跟我提這件事。
在這裡沒有人會欺負我，而且山也會準備東西給我吃!!
你只要有東西吃可以過活就好了嗎？
再繼續這樣下去，你的一生就毀了!!
一定不會有好下場的!!
山啊！快把這傢伙趕走!!
ズボ

※掉落

不是我！是哆啦A夢……
ブゥン
※嗡嗡嗡
為、為什麼？
我們不是好朋友嗎？
謝謝……
你是真心喜歡大雄的。
真不敢相信，那麼溫柔的山竟然會……
就當作是一場夢吧，
短暫卻很快樂的夢。

插圖／佐藤諭

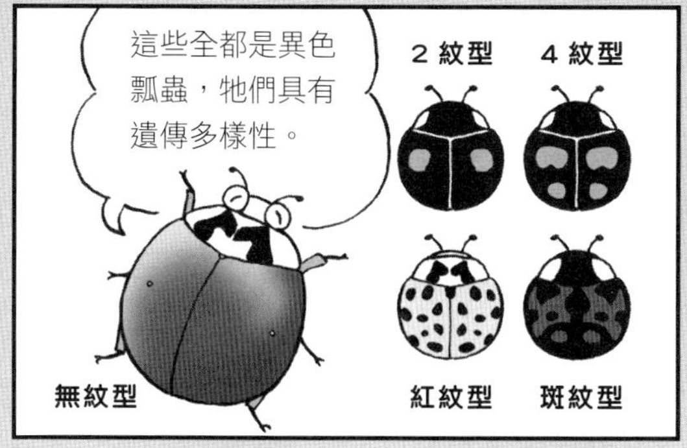
這些全都是異色瓢蟲，牠們具有遺傳多樣性。
2 紋型
4 紋型
無紋型
紅紋型
斑紋型

▲ 由物種或是遺傳多樣性而孕育出對環境的適應。

有許多生物在支撐著大自然

不論昆蟲或是人類，都沒辦法單獨生存

在日本已經確認的昆蟲多達三萬種，這些昆蟲很靈活的利用草原、溼地、雜木林、河川、池塘、湖泊等自然環境過生活。但是現在，在這樣的大自然中，卻有兩百種以上的昆蟲瀕臨絕種，成為很嚴重的問題。

為什麼昆蟲的身影會開始消失呢？最大的原因在於我們人類造成的環境變化。伴隨著經濟的發展與社會的變化，大批的山林被開發蓋成工廠或住宅、娛樂設施等。由於這些開發，昆蟲的棲息環境以及為了生存所不可或缺的植物就被剝奪了。大自然是由包含昆蟲在內的許多生物彼此支撐，多樣性的生物維持平衡而成立的。根據調查，一棵麻櫟樹上大約會有六十種昆蟲來覓食或產卵。若是把麻櫟樹砍掉的話，就會對許多昆蟲造成影響，也會喪失生物多樣性。

特別專欄

地球暖化與昆蟲

地球暖化已經變成很大的問題，而暖化的影響也開始在昆蟲身上顯現。原本只有在溫暖的南方才看得見的昆蟲，現在在北方也看得到了。從前只分布於日本九州以南的長崎鳳蝶，現在在日本關東地方也看得見。黑端豹斑蝶也已經北上，而熱帶系的端紫斑蝶也變得會在日本度冬。

是森林救了我。

生物多樣性與昆蟲

里山和農田孕育了昆蟲的生命

並不是說只要人類對大自然加以干預，環境就只會惡化，有時候其實也能夠產生出豐饒的自然。最好的例子就是里山。在農村或是山間地帶，人類自古以來就會插手管理去幫雜木林除下方的草，或是把長成的樹木枝條砍掉等等，人類會插手加以管理。除掉的草被拿來當作農地的肥料，樹木砍下來當作柴薪等加以活用，一邊做適度的利用一邊維護雜木林。假如沒有把下方的草割掉，或是沒有把樹木枝條砍掉的話，陽光照射不進去，就會只有強壯的雜草叢生而變得荒廢。但是除草之後，在四季會有不同的花開、各種草類成長、蝴蝶等聚集，造就出對昆蟲來說非常適合棲息的環境。

有人可能會認為假如里山對昆蟲是很適合棲息的環境，那麼破壞田裡農作物的害蟲也會跟著增加。但是實際上就算害蟲增加，會吃牠們的昆蟲（包含青蛙或是蜘蛛等動物）也會增加，維持自然的平衡。跟這個相較之下，大自然荒廢，只有一部分的昆蟲增加才是不好的。

▲里山是豐饒大自然的搖籃。

▼土壤動物會促進落葉與生物屍體的分解，對於製造豐饒的土壤很有幫助。

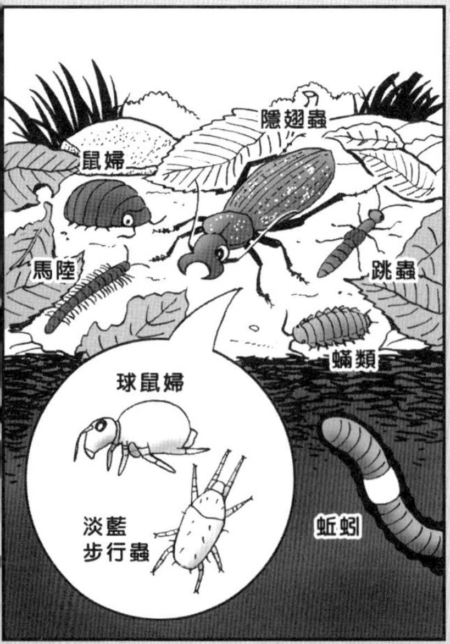
隱翅蟲
鼠婦
馬陸
跳蟲
蟎類
球鼠婦
淡藍
步行蟲
蚯蚓

插圖／佐藤諭

插圖／佐藤諭

三色堇的花壇增加，
真是太好了！
黑端豹斑蝶

◀黑端豹斑蝶的幼蟲非常喜歡三色堇這種花朵。

聚集在自然環境少的都會區昆蟲

在大自然減少的都市中，近年來發生了不可思議的現象，在都市中有某些昆蟲增加了。雖然都市對昆蟲們來說並不是好的自然環境，但是其實對一部分的昆蟲來說並非如此。

例如大黃胡蜂會在住家屋簷下築巢，對人類造成困擾。大黃胡蜂的天敵是大虎頭蜂。大虎頭蜂是在森林中築巢，幾乎不會出現在人多的都市中。一般認為就是因為如此，大黃胡蜂才會來到都市中。

喜歡溫暖乾燥環境的熊蟬，原本不會在日本的關東地方出現，但是隨著地球暖化的影響，以及在都市地區產生的熱島現象，讓牠們在東京的勢力逐漸擴大。而另一方面，開始從都市消失蹤影的是蟪蛄，由於牠們喜歡的是陰影多的潮溼場所，所以都市環境就不再適合牠們。

棲息於溫暖地區的草原等地的黑端豹斑蝶，最近也變得經常可以在都市地區看到了，這跟都市地區的公園整備以及造園風潮有所關聯。黑端豹斑蝶的幼蟲是吃三色堇及紫羅蘭等植物的葉子生長的。因為如此，當受歡迎的園藝植物三色堇增加，牠們也就跟著到都市來了。

特別專欄

生物棲地是什麼？

重新找回因開發而喪失的自然環境，在都市地區以人工製造出適合昆蟲等生物的生活環境，打造出稱為「生物棲地（biotope）」的場所。這並不是在像公園般的地方栽種園藝植物，而是去種植原本在當地舊有的樹木、整理池塘或草地，重現小型的大自然，才是生物棲地的特徵。

此外，它也扮演了把因都市化而分裂的大自然連結起來的角色。在這種小型大自然的綠洲中，也許可以看到原本已經消失無蹤的蜻蜓或蝴蝶聚集，或是青蛙來產卵、蝌蚪成長的景象哦！

該如何和昆蟲們打交道才好？

被擔心會絕種的昆蟲

正如在第一九九頁介紹過的，近年來在日本有兩百種以上的昆蟲正面臨著瀕臨絕種的危機。其中不只是在原生自然中的物種而已，也包含了許多曾經遍布於我們生活周遭的物種。

在棲息於原生大自然的昆蟲中，有一種令人擔心會絕種的昆蟲，就是只分布於日本沖繩北部山地的山原長臂金龜（*Cheirotonus jambar*）。牠們的幼蟲是利用森林的長椎栲等大樹上自然形成的窟窿成長，繁殖能力原本就已經不高，再加上因開發等導致森林環境惡化，闊葉樹的大樹減少，讓山原長臂金龜的數量也隨之減少。

另一方面，到最近為止都還在人類的生活周遭很常見的昆蟲之中，也有不少已經逐漸消失。日本虎鳳蝶也是其中之一，牠們的棲息地「雜木林」的減少是很大的原因。蟾福蛺蝶（*Fabriciana nerippe*）的數量減少，是由於牠們的食草紫羅蘭類植物持續從草原或河岸地消失而造成的。田鱉是在池塘及水田經常可見的昆蟲，但是由於農業的使用所造成的環境汙染而無法棲息，導致面臨絕種的危機。鱉甲蜻蜓及四斑細蟌也讓人擔心會瀕臨絕種。

為了要保護這些昆蟲，就有必要守護自然環境。因為如此，最近有許多里山保育活動，或是減少農藥使用的活動，也很積極的在進行中。

▼ 因為農藥使用等因素而數量減少的田鱉。

▼ 日本虎鳳蝶

從外國來到日本的昆蟲

在島國日本生活的昆蟲，幾乎都是在日本還跟大陸是以陸地相連的時期就已經來了。此外，在和大陸分離以後，也會乘著偏西風從大陸飛來，或是從南方沿著各個島嶼來到日本，再定居下來。分布於菲律賓和台灣的端紫斑蝶，在過去並沒辦法在日本度冬，都會死亡，但是由於前面介紹過的地球暖化日漸嚴重，最近也在日本定居下來。

另一方面，也有生物是因為人類將牠們從原本棲息的環境帶到別的地區，而在新的環境中定居。這些因人類引進，或是隨著交通工具的發展而被搬運、增加數量的生物，稱為「外來種生物」。卵隨著進口的乾燥牧草進到日本的歐洲弄蝶（*Thymelicus lineola*）、跟著農作物或是木材而進入日本的阿根廷蟻等，都是著名的例子。以最近來說，在一九九九年時，日本同意了鍬形蟲、獨角仙的進口，於是就產生了從海外引進的鍬形蟲和日本的固有種之間的雜交種增加的新問題。

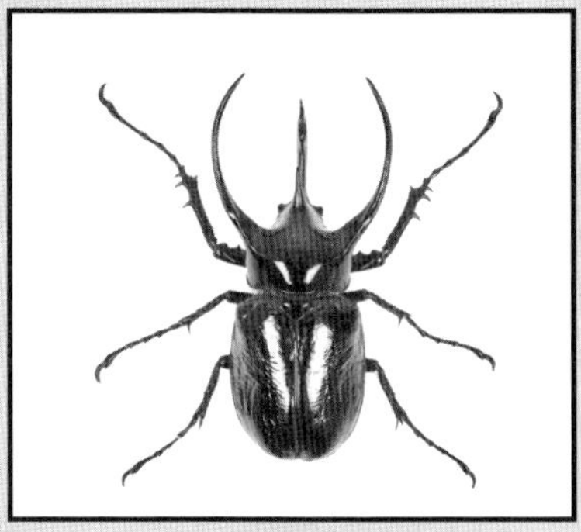

◀很受昆蟲迷歡迎的巨人大兜蟲等已經開放進口。

◀一九七〇至一九八〇年代，在櫻花樹等大發生的美國白蛾。

特別專欄

歐洲熊蜂為什麼會來到日本？

雖然有些外來生物是在不知情的狀況下被帶到日本，不過歐洲熊蜂則是為了協助農業發展而被大量引進的外來生物。引進的目的在於幫忙讓溫室栽培的番茄授粉。由於番茄的花並不會產生花蜜，所以沒辦法以義大利蜂來授粉，於是就從海外把也會停在沒有花蜜的花上收集花粉的歐洲熊蜂引進日本。日本有很多番茄農戶都會利用這種歐洲熊蜂來授粉，卻也因為有些個體從溫室逃了出去，而產生了野生化的問題。

後記 不可思議的周遭世界

東京農業大學昆蟲學研究室教授
岡島秀治

昆蟲的世界充滿了不可思議！

在本書的解說中已經有提過了，在地球上真的有非常多種動物棲息著。而在這些動物之中，又以昆蟲的種類出奇的多。事實上，目前世界上已經確認的昆蟲有一百萬種。由於這大概占了全動物種數的四分之三，所以要是誇張一點來說，甚至可以說「幾乎大部分的動物都是昆蟲」。但是不只是這樣而已，這些目前已知的一百萬種昆蟲，其實只是有被命名（世界共通的名字，稱為「學名」）的物種而已。我們知道實際上還有非常多的昆蟲尚未被命名，例如在以特殊的方法調查分布於南美洲亞馬遜流域，或是東南亞的婆羅洲島上叢林中的樹木高處的小動物時，就真的找到了非常非常多種的昆蟲，而且牠們幾乎全都是尚未被命名的新種。也因此，在幫這些物種命名之後，昆蟲的種類還會繼續增加。那麼，實際上究竟有多少種昆蟲呢？「有研究者認為那個數字會達到一千萬種以上（引用自本書內文）。」而且還有研究者認為應該會再更多呢！

日本也有許多種昆蟲。目前已經被記錄的有三萬多種，由於每年還會持續發現尚未被命名的新種昆蟲，所以種數還會繼續增加。日本的國土形狀南北狹長，有溫暖的氣候、雨量很多、森林也很發達，所以對依賴植物生存的昆蟲來說，是容易棲息的地區。此外，由於日本是四周都被海洋環繞的島國，所以在不擅長飛行的昆蟲之中，也有不少是在這片土地上獨自演化出來的日本特有種。

所謂生物的種類，都個別具有那個物種獨特的形態與生態，所以能夠和其他的物種做區別。日本鋸鍬形蟲和扁鍬形蟲是不同種類的鍬形蟲，在比較這兩種鍬形蟲時，會發現雄蟲的大顎形狀、腳的長度、身體的顏色等形態上都有所不同。此外，在生態上也是一樣，日本鋸鍬形蟲的成蟲在夏天出現，在那一年的秋天就大多會死亡。但是扁鍬形蟲則能夠度過冬天，持續活上很

多年。就像這樣，即使同為鍬形蟲，種類不同的話，形態和生態就會有所不同。所以只要有這麼多的昆蟲存在，就會有各種顏色、形狀、大小的種類，而且牠們個別都會有各種不同的生活方式。正由於昆蟲有這樣的習性，所以也就充滿了各種不可思議。而且，還有好多好多我們還不清楚的事情呢！

昆蟲是離我們最近的生物

大家都喜歡昆蟲嗎？還是你們討厭昆蟲？假如你喜歡昆蟲，而且對昆蟲有興趣的話，請一定要參考本書，對生活周遭的昆蟲進行觀察，找找看哪些是新發現的不可思議的事情。採集昆蟲帶回家飼養，觀察牠們的生活並製作成標本，詳細觀察牠們的外型和斑紋也是很好的主意。然後再調查各種事項，一定會發現更多更有趣的事情。並沒必要特別到很遠的地方去，我建議大家可以先在自己家附近找找看。只要是有些樹木的公園、神社的森林、或是有茂密草叢生長的河岸平原等地點，就一定能夠找到在那裡棲息的昆蟲。即使是東京的正中間，也是只要到了夏天，有樹木的地方就一定會有蟬在鳴叫。正如解說中所寫的，觀察蟬的羽化並不是件難事，請大家一定要挑戰看看。

若是能夠經由閱讀這本書，而讓對昆蟲產生興趣的人一個個的增加，就是我無比的喜悅。

哆啦A夢科學任意門 ⓫

終極昆蟲發現機

● 漫畫／藤子・F・不二雄

● 原書名／ドラえもん科学ワールド—— 昆虫の不思議

● 日文版審訂／Fujiko Pro、岡島秀治

● 日文版撰文／瀧田義博、窪內裕、丹羽毅、甲谷保和、芳野真彌

● 日文版版面設計／bi-rize

● 日文版封面設計／有泉勝一（Timemachine）

● 日文版編輯／Fujiko Pro、杉本隆

● 翻譯／張東君

● 台灣版審訂／顏聖紘

發行人／王榮文

出版發行／遠流出版事業股份有限公司

地址：104005 台北市中山北路一段 11 號 13 樓

電話：(02)2571-0297　傳真：(02)2571-0197　郵撥：0189456-1

著作權顧問／蕭雄淋律師

2017 年 2 月 1 日 初版一刷　2024 年 2 月 1 日 二版一刷

定價／新台幣 350 元（缺頁或破損的書，請寄回更換）

ISBN 978-626-361-411-6

遠流博識網 http://www.ylib.com　E-mail:ylib@ylib.com

◎日本小學館正式授權台灣中文版

● 發行所／台灣小學館股份有限公司

● 總經理／齋藤滿

● 產品經理／黃馨瑝

● 責任編輯／小倉宏一、李宗幸

● 美術編輯／李怡珊

國家圖書館出版品預行編目 (CIP) 資料

終極昆蟲發現機 / 藤子・F・不二雄漫畫；日本小學館編輯撰文；
張東君翻譯．-- 二版．-- 台北市：遠流出版事業股份有限公司，
2024.2
面；　公分．--（哆啦A夢科學任意門；11）

譯自：ドラえもん科学ワールド：昆虫の不思議
ISBN 978-626-361-411-6（平裝）

1.CST: 昆蟲　2.CST: 漫畫

387.7　　112020390

※ 本書為 2015 年日本小學館出版的《昆虫の不思議》台灣中文版，在台灣經重新審閱、編輯後發行，因此少部分內容與日文版不同，特此聲明。